中国包装标准汇编

食品包装卷

（第二版）

中国标准出版社　编

中国标准出版社

北　京

图书在版编目(CIP)数据

中国包装标准汇编.食品包装卷/中国标准出版社编.—2版.—北京:中国标准出版社,2016.7
ISBN 978-7-5066-8237-4

Ⅰ.①中… Ⅱ.①中… Ⅲ①包装-标准-汇编-中国②食品包装-标准-汇编-中国 Ⅳ.①TB48-65

中国版本图书馆CIP数据核字(2016)第074150号

中国标准出版社出版发行
北京市朝阳区和平里西街甲2号(100029)
北京市西城区三里河北街16号(100045)

网址 www.spc.net.cn
总编室:(010)68533533 发行中心:(010)51780238
读者服务部:(010)68523946
中国标准出版社秦皇岛印刷厂印刷
各地新华书店经销
*
开本 880×1230 1/16 印张 15.75 字数 469 千字
2016年7月第二版 2016年7月第二次印刷
*
定价 80.00 元

出　版　说　明

《中国包装标准汇编》是我国包装行业标准化方面的一套大型丛书，按行业分类分别立卷。本套丛书计划出版十四卷，由中国标准出版社陆续出版，分卷情况如下：

1. 通用基础卷；
2. 术语卷；
3. 纸包装卷；
4. 塑料包装卷；
5. 金属包装卷；
6. 玻璃包装卷；
7. 危险品包装卷；
8. 食品包装卷；
9. 木制包装卷；
10. 运输包装卷；
11. 产品包装卷；
12. 包装印刷卷；
13. 包装辅料卷；
14. 包装机械卷。

本汇编为丛书的一卷，收集了截至 2016 年 3 月底批准发布食品包装的国家标准 29 项。本汇编内容包括：基础标准、产品标准和试验方法标准。

本汇编可供包装的生产、科研、销售单位的技术人员，各级包装监督、检验机构的人员、各管理部门的相关人员使用，也可供大专院校有关专业的师生参考。

编　者
2016 年 3 月

目　录

一、基础标准

二、产品标准

三、试验方法标准

一、基础标准

ICS 55.020
A 80

中华人民共和国国家标准

GB/T 191—2008
代替 GB/T 191—2000

包装储运图示标志

Packaging—Pictorial marking for handling of goods

(ISO 780:1997,MOD)

2008-04-01 发布　　　　2008-10-01 实施

中华人民共和国国家质量监督检验检疫总局
中国国家标准化管理委员会　发布

前　言

本标准修改采用国际标准 ISO 780:1997《包装　储运图示标志》，主要差异如下：

——在国际标准三种规格的基础上，增加了 50 mm 的规格尺寸；

——在 4.1 标志的使用中增加了“印制标志时，外框线及标志名称都要印上，出口货物可省略中文标志名称和外框线；喷涂时，外框线及标志名称可以省略”；

——在表 1 中增加了每个标志的完整图形。

本标准代替 GB/T 191—2000《包装储运图示标志》。

本标准与 GB/T 191—2000 相比主要变化如下：

——取消了标志在包装件上的粘贴位置；

——在表 1 中增加了标志图形一栏。

本标准由全国包装标准化技术委员会提出并归口。

本标准起草单位：铁道部标准计量研究所、北京出入境检验检疫协会。

本标准主要起草人：张锦、赵靖宇、徐思桥、苏学锋。

本标准所代替标准的历次版本发布情况为：

——GB/T 191—1963、GB/T 191—1973、GB/T 191—1985、GB/T 191—1990、GB/T 191—2000；

——GB 5892—1985。

包装储运图示标志

1 范围

本标准规定了包装储运图示标志(以下简称标志)的名称、图形符号、尺寸、颜色及应用方法。

本标准适用于各种货物的运输包装。

2 标志的名称和图形符号

标志由图形符号、名称及外框线组成,共17种,见表1。

表1 标志名称及图形

序号	标志名称	图形符号	标志	含义	说明及示例
1	易碎物品		 易碎物品	表明运输包装件内装易碎物品,搬运时应小心轻放	见4.2.2a)。 位置示例 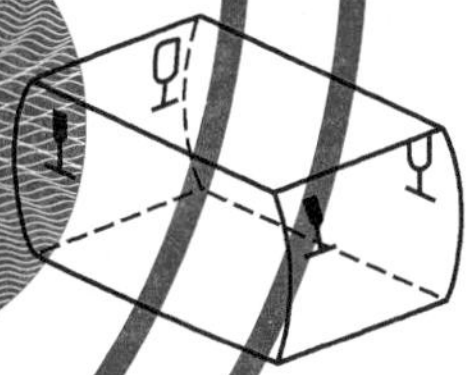
2	禁用手钩		 禁用手钩	表明搬运运输包装件时禁用手钩	

表 1(续)

序号	标志名称	图形符号	标　　志	含　义	说明及示例
3	向上		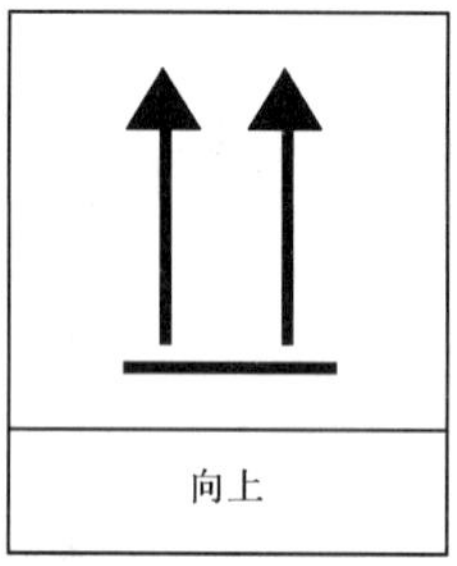 向上	表明该运输包装件在运输时应竖直向上	见 4.2.2 b)。 位置示例 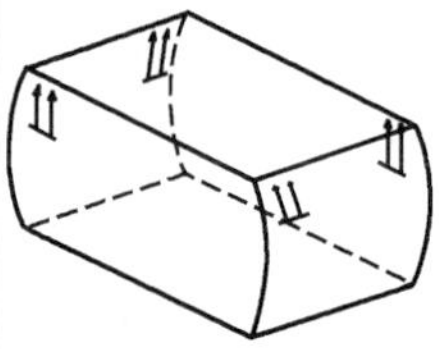 a) 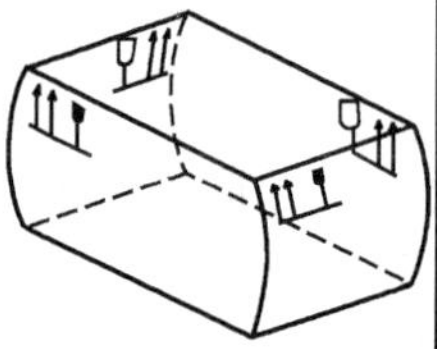　b) 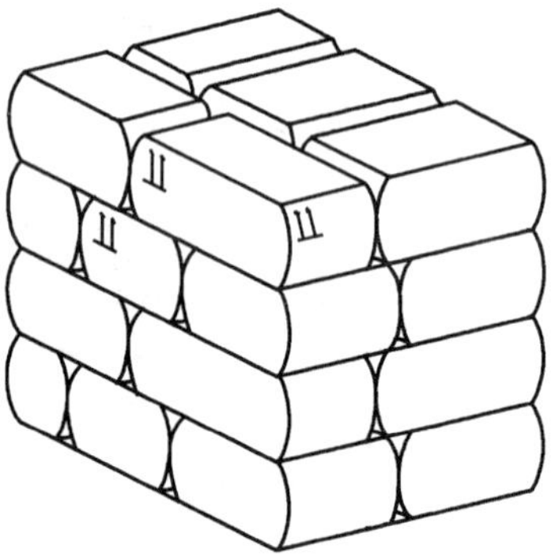 c)
4	怕晒		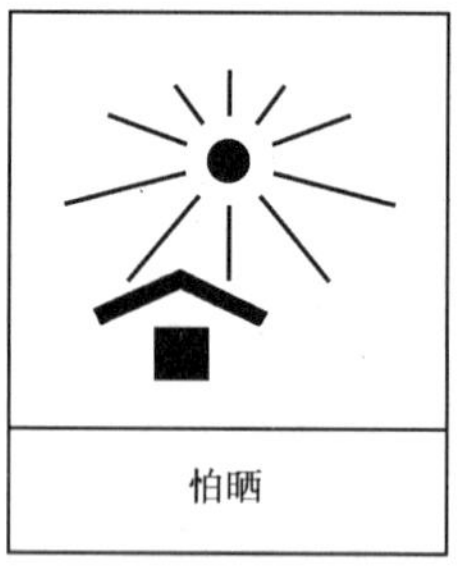 怕晒	表明该运输包装件不能直接照晒	
5	怕辐射		 怕辐射	表明该物品一旦受辐射会变质或损坏	

表 1(续)

序号	标志名称	图形符号	标　　志	含　义	说明及示例
6	怕雨		怕雨	表明该运输包装件怕雨淋	
7	重心		重心	表明该包装件的重心位置，便于起吊	见 4.2.2 c)。 位置示例 该标志应标在实际位置上
8	禁止翻滚		禁止翻滚	表明搬运时不能翻滚该运输包装件	
9	此面禁用手推车		此面禁用手推车	表明搬运货物时此面禁止放在手推车上	

表 1(续)

序号	标志名称	图形符号	标　　志	含　义	说明及示例
10	禁用叉车		禁用叉车	表明不能用升降叉车搬运的包装件	
11	由此夹起		由此夹起	表明搬运货物时可用夹持的面	见 4.2.2 d)。
12	此处不能卡夹		此处不能卡夹	表明搬运货物时不能用夹持的面	
13	堆码质量极限	…kg max	…kg max 堆码质量极限	表明该运输包装件所能承受的最大质量极限	

表 1(续)

序号	标志名称	图形符号	标　志	含　义	说明及示例
14	堆码层数极限	n	n 堆码层数极限	表明可堆码相同运输包装件的最大层数	包含该包装件，n 表示从底层到顶层的总层数
15	禁止堆码		禁止堆码	表明该包装件只能单层放置	
16	由此吊起		由此吊起	表明起吊货物时挂绳索的位置	见 4.2.2 e)。 位置示例 应标在实际起吊位置上
17	温度极限		温度极限	表明该运输包装件应该保持的温度范围	…℃max …℃min a) …℃min　…℃max b)

3 标志尺寸和颜色

3.1 标志尺寸

标志外框为长方形，其中图形符号外框为正方形，尺寸一般分为4种，见表2。如果包装尺寸过大或过小，可等比例放大或缩小。

表2 图形符号及标志外框尺寸

单位为毫米

序号	图形符号外框尺寸	标志外框尺寸
1	50×50	50×70
2	100×100	100×140
3	150×150	150×210
4	200×200	200×280

3.2 标志颜色

标志颜色一般为黑色。

如果包装的颜色使得标志显得不清晰，则应在印刷面上用适当的对比色，黑色标志最好以白色作为标志的底色。

必要时，标志也可使用其他颜色，除非另有规定，一般应避免采用红色、橙色或黄色，以避免同危险品标志相混淆。

4 标志的应用方法

4.1 标志的使用

可采用直接印刷、粘贴、拴挂、钉附及喷涂等方法。印制标志时，外框线及标志名称都要印上，出口货物可省略中文标志名称和外框线；喷涂时，外框线及标志名称可以省略。

4.2 标志的数目和位置

4.2.1 一个包装件上使用相同标志的数目，应根据包装件的尺寸和形状确定。

4.2.2 标志应标注在显著位置上，下列标志的使用应按如下规定：

a) 标志1“易碎物品”应标在包装件所有的端面和侧面的左上角处(见表1标志1的说明及示例)；

b) 标志3“向上”应标在与标志1相同的位置[见表1中标志3示例a)所示]。当标志1和标志3同时使用时，标志3应更接近包装箱角[见表1中标志3示例b)所示]；

c) 标志7“重心”应尽可能标在包装件所有六个面的重心位置上，否则至少也应标在包装件2个侧面和2个端面上(见表1中标志7的说明及示例)；

d) 标志11“由此夹起”只能用于可夹持的包装件上，标注位置应为可夹持位置的两个相对面上，以确保作业时标志在作业人员的视线范围内；

e) 标志16“由此吊起”至少应标注在包装件的两个相对面上(见表1中标志16的说明及示例)。

ICS 55.200
A 84

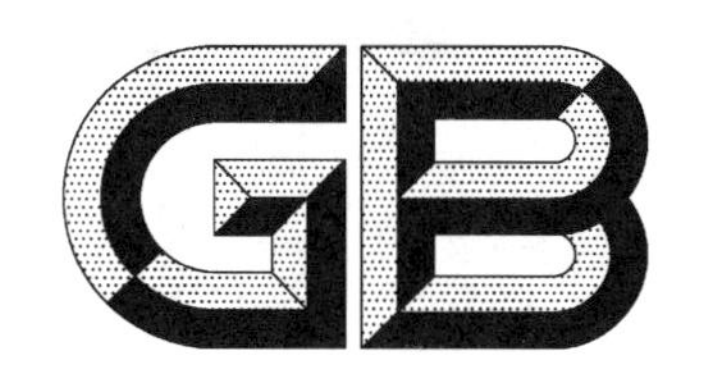

中华人民共和国国家标准

GB/T 19063—2009
代替 GB/T 19063—2003

液体食品包装设备验收规范

Acceptance specification of packaging equipment for liquid food

2009-09-30 发布　　　　2009-12-01 实施

中华人民共和国国家质量监督检验检疫总局
中国国家标准化管理委员会　发布

前　言

本标准代替 GB/T 19063—2003《液体食品包装设备验收规范》。

本标准与 GB/T 19063—2003 相比，主要变化如下：

——增加了术语和定义中的内容；

——增加产品分类的内容；

——增加了材料与零部件验收技术要求；

——修改了加压试验要求；

——更正了对 RQL 数值的表达；

——修改了游离性余氯和过氧化氢残留量测定的试验方法；

——增加微生物增值检验中 pH 值差值范围的要求；

——增加了超洁净灌装设备的技术参数。

本标准的附录 A 为资料性附录。

本标准由全国包装机械标准化技术委员会(SAC/TC 436)提出并归口。

本标准负责起草单位：杭州中亚机械有限公司、广州达意隆包装机械股份有限公司、江苏新美星包装机械有限公司、南京乐惠轻工装备制造有限公司、廊坊百冠包装机械有限公司、建技集团佛山建邦机械有限公司、江苏星 A 包装机械集团有限公司、机械工业包装机械产品质量监督检测中心。

本标准主要起草人：史中伟、张颂明、褚兴安、陈小平、张铁军、黄伟迪、黄振华、吉永林、姚伟国、曹洋云、谌飞、陆佩忠、王利国、蔡林昌、陈润洁。

本标准所代替标准的历次版本发布情况为：

——GB/T 19063—2003。

液体食品包装设备验收规范

1 范围

本标准规定了液体食品包装设备术语和定义、产品分类、验收准备、验收技术要求、检验方法和设备质量判定及处理。

本标准适用于液体食品的无菌包装设备、保鲜包装设备、热灌装设备、超洁净灌装设备和普通包装设备;适用于液体食品的灭菌设备、灌装及封口设备和与其配套的设备、管道及配件。

本标准不适用于液体食品灌装封口后进行灭菌的设备。

2 规范性引用文件

下列文件中的条款通过本标准的引用而成为本标准的条款。凡是注日期的引用文件,其随后所有的修改单(不包括勘误的内容)或修订版均不适用于本标准,然而,鼓励根据本标准达成协议的各方研究是否可使用这些文件的最新版本。凡是不注日期的引用文件,其最新版本适用于本标准。

GB/T 4789.2 食品卫生微生物学检验 菌落总数测定

GB/T 4789.3 食品卫生微生物学检验 大肠菌群测定

GB/T 4789.4 食品卫生微生物学检验 沙门氏菌检验

GB/T 4789.5 食品卫生微生物学检验 志贺氏菌检验

GB/T 4789.10 食品卫生微生物学检验 金黄色葡萄球菌检验

GB/T 4789.11 食品卫生微生物学检验 溶血性链球菌检验

GB/T 4789.15 食品卫生微生物学检验 霉菌和酵母计数

GB 5226.1—2002 机械安全 机械电气设备 第1部分:通用技术条件(IEC 60204-1:2000,IDT)

GB/T 5750.11 生活饮用水标准检验方法 消毒剂指标

GB 14930.1 食品工具、设备用洗涤剂卫生标准

GB 14930.2 食品工具、设备用洗涤消毒剂卫生标准

GB 14934 食(饮)具消毒卫生标准

GB 16798 食品机械安全卫生

GB 19891 机械安全 机械设计的卫生要求(GB 19891—2005,ISO 14159:2002,MOD)

JJF 1070 定量包装商品净含量计量检验规则

消毒技术规范(中华人民共和国卫生部2002年版)

3 术语和定义

下列术语和定义适用于本标准。

3.1

液体食品 liquid food

液体、带颗粒液体、浆体等可以在管道中流动的食品。

3.2

保鲜包装 fresh keeping package

将经过灭菌的液体食品包装、密封在经过或未经过灭菌的容器中,用冷藏方法保持液体食品在保质期内的新鲜和卫生。

3.3

无菌包装 ase ptic package

将经过灭菌的液体食品在无菌条件下包装、密封在经过灭菌的容器中，使食品在保质期内能在常温下运输和贮存。

3.4

热灌装 hot filling

将经过灭菌的液体食品降温到83 ℃～95 ℃灌装、密封到容器中，经一定保持时间，以期杀灭容器中及顶盖上的微生物，使食品在保质期内能在常温下运输和贮存。

3.5

超洁净灌装 ultra-clean filling

依据微生物栅栏技术的原理和HACCP管理体系，用洁净的灌装设备，在洁净的充填环境下，将灭菌合格的物料充填到洁净的包装容器中，以延长产品的保质期。

注1：微生物栅栏技术原理，是将影响食品中微生物存活的不同栅栏因子，科学合理地组合起来，从不同的侧面抑制引起食品腐败的微生物，以保证食品的卫生性和安全性的理论。

注2：HACCP是Hazard Analysis Critical Control Point的缩写，中文译名为危害分析与关键控制点，是一个保证食品安全的预防性技术管理体系。

3.6

故障停机 breakdown

因设备的机电故障或由其引起的包装材料，包装容器的破裂、堵塞等原因引起的停机。

3.7

商业无菌 commercial sterilization

在被包装的液体食品中不含致病菌、不含常温下能增殖的微生物。

3.8

低酸性液体食品 low acid liquid food

除酒精饮料以外，杀灭菌后平衡pH值大于4.6的液体食品。

3.9

酸性液体食品 acid liquid food

灭菌后平衡pH值小于等于4.6的液体食品。

3.10

不合格质量水平 rejectable quality level，RQL

在抽样检验中，认为不可接受的批质量下限值。

3.11

批质量 lot quality

单个提交检验批的质量(用不合格品百分数或每百单位产品不合格数表示)。

4 产品分类

4.1 按液体食品包装容器的材料分为：

纸基复合材料容器、塑料及其复合材料容器、玻璃包装容器、金属包装容器等包装设备。

4.2 按设备的包装特点分为：

无菌包装、超洁净灌装、保鲜包装、热灌装和普通包装设备，划分依据参见附录A。

5 验收准备

5.1 设备供应方应做到：

a) 完成设备的安装、调试和试运转；

b) 培训用户方人员，达到能独立进行设备的操作和一般故障排除；

c) 与用户方协商确定指标不低于相应国家或行业标准的验收用包装材料或容器；

d) 会同用户方商定是否具备验收条件。

5.2 用户方应做到：

a) 与设备技术要求配套的水、电、气、蒸汽、包材等的供应；

b) 生产厂房应符合国家相应的卫生规范，灌装设备允许设置单独隔离间；

c) 按照表1规定提供验收用被包装液体食品原料；

表1 液体食品原始细菌总数和芽孢菌数

项目	包装设备类别				
	普通包装设备	保鲜包装设备	热灌装设备	超洁净灌装设备	无菌包装设备
细菌总数/(CFU/mL)	—	$\leqslant 1\times10^5$	$\leqslant 1\times10^5$	$\leqslant 1\times10^5$	$\leqslant 2\times10^5$
芽孢菌数/(CFU/mL)	—	—	—	—	$\leqslant 5\times10^2$

d) 会同设备供应方商定是否具备验收条件。

6 验收技术要求

6.1 外观验收

6.1.1 设备非加工表面的涂漆和喷塑层等应平整光滑、色泽均匀，应无明显的划痕、污浊、流痕、起泡等缺陷。

6.1.2 焊接表面应完整、光滑、均匀，焊缝不应有虚焊、渗漏现象。

6.1.3 各个连接接头处不应有滴漏、渗漏。

6.1.4 灌装设备的灌装出口在关闭时不应有滴漏现象。

6.2 材料与零部件验收

6.2.1 灌装机与灌装物料及包装材料相接触的表面材料应符合 GB 16798 中对食品生产设备的有关规定。

6.2.2 凡与包装材料、物料接触的设备表面应光洁、平整、易清洗或消毒、耐腐蚀，不与灌装物料发生化学变化。

6.2.3 设备所用的原材料、外购配套零部件应有生产厂的质量合格证明书，如果没有质量合格证明书则按产品相关标准验收合格后，方可投入使用。

6.2.4 料斗、导料管内壁光洁、平整、无死角。焊道打磨抛光，无存料缝隙。灌装装置不应对灌装物料产生污染。

6.2.5 设备所用的润滑剂、冷却剂等不应对物料或容器造成污染。

6.2.6 设备的机械设计卫生安全应符合 GB 19891 的要求。

6.3 安全性验收

6.3.1 电压波动(指用户方提供的电网电压与设备额定电压的差别)在设备额定电压的+5%～-10%范围内设备能正常工作。

6.3.2 动力电路导线和保护接地电路间施加 500 V 电压时测得的绝缘电阻应不小于 1 MΩ。

6.3.3 设备应有可靠的接地装置，并有明显的接地标志，接地电阻应符合 GB 5226.1—2002 中 19.2 的要求。

6.3.4 电气设备的所有电路导线和保护接地电路之间应经受至少1 s时间的耐压试验。

6.3.5 电气控制柜、无菌包装设备灌装室的门未关闭时设备不能开机，调试开机时应有声、光等警示。

6.3.6 设备的外露机械运动部位应加以防护。

6.3.7 联结设备各部分的操作人员架空通道高度超过1.5 m时，两侧应有护拦，护拦高度不低于1.05 m。

6.3.8 各设备热表面可能致操作人员烫伤的部位应加以防护或有明显的警示。

6.3.9 设备正常运行时噪声声压级不应超过82 dB(A)，短时允许不超过90 dB(A)。

6.3.10 设备使用紫外线杀菌时，不应使操作人员直视光源，观察窗应采用阻隔紫外线材料制造。

6.3.11 设备用洗涤剂应符合GB 14930.1规定的卫生标准。

6.3.12 设备用洗涤消毒剂应符合GB 14930.2规定的卫生标准。

6.4 连续工作稳定性验收

6.4.1 稳定性验收时除去允许用软水代替被包装液体食品外，其他所有条件都按正常生产条件进行。

6.4.2 连续开机8 h(不包括物料灭菌、设备清洗、设备预灭菌所需时间)，故障停机次数不应超过四次，因排除故障而形成的停机时间不应超过20 min。

6.4.3 随机抽取验收生产的批量产品的10%进行目视外观检查，外形不一致、在灌装设备运行中造成的包装材料污染、包装破裂或泄露、印刷图案偏移、偏斜、瓶装产品的顶盖缺陷等都被认为不合格，不合格质量水平RQL=30。

6.4.4 使用含氯化合物对设备或包装容器的洗涤或预杀菌时、游离性余氯的残留量应符合GB 14934的规定。随机抽取10个单位产品进行检验，不许出现残留量超标。

6.4.5 使用过氧化氢(H_2O_2)或过氧乙酸($C_2H_4O_3$)对包装容器杀菌时，过氧化氢或过氧乙酸的残留量应小于等于0.5 mg/L。随机抽取10个单位产品进行检验，不应出现残留量超标。

6.5 生产性验收

6.5.1 以正常生产的条件连续开机3 h，每隔1 h的产量作为一个检验批，根据设备验收需要随机抽取样本若干件，先后共抽取三批。

6.5.2 从每次抽取的样本中再随机抽取100件，按照相应的灌装产品标准规定进行相应的密封性试验。

6.5.3 从每次抽取的样本中再随机抽取100件，进行灌装精度试验，灌装精度应符合相应的产品标准规定和JJF 1070的规定。

6.5.4 从每次抽取的样本中，按表2规定进行微生物检验，先后共检查三次。

表2 微生物指标

项目	包装设备类别				
	普通包装设备	保鲜包装设备	热灌装设备	超洁净灌装设备	无菌包装设备
微生物指标	按相应被包装产品的卫生标准	按相应被包装产品的卫生标准	商业无菌	商业无菌	商业无菌
RQL	20	20	20	20	20
菌落总数测定时样本大小	3	3	—	—	—
大肠菌群测定时样本大小	3	3	—	—	—
致病菌检验时样本大小	3	3	3	3	3
霉菌和酵母计数时样本大小	3	3	—	—	—

表 2（续）

项　　目	包装设备类别				
	普通包装设备	保鲜包装设备	热灌装设备	超洁净灌装设备	无菌包装设备
以上四项测定时的 Ac,Re	0,1	0,1	0,1	0,1	0,1
微生物增殖计数时样本大小	—	—	1 000	1 000	1 000
微生物增殖计数时 Ac,Re	—	—	1,2	1,2	1,2

7　检验方法

7.1　灌装精度检验

用天平对样品中每个包装成品(盒、袋、瓶等)进行称重,1 kg 以下的单位产品精确到 1 g,1 kg 以上的单位产品精确到 2 g,测得质量减去每一个单位产品所用包装材料的平均质量即为被包装产品的净重。

单位产品的净重除以被包装液体食品的平均密度即为以容积标识的净含量。

灌装精度检验方法按相应的设备标准和 JJF 1070 的规定进行。

7.2　菌落总数测定按 GB/T 4789.2 规定进行。

7.3　大肠菌群测定按 GB/T 4789.3 规定进行。

7.4　沙门氏菌检验按 GB/T 4789.4 规定进行。

7.5　志贺氏菌检验按 GB/T 4789.5 规定进行。

7.6　金黄色葡萄球菌检验按 GB/T 4789.10 规定进行。

7.7　溶血性链球菌检验按 GB/T 4789.11 规定进行。

7.8　霉菌和酵母计数按 GB/T 4789.15 规定进行。

7.9　无菌包装、热灌装和超洁净灌装设备所包装的液体食品的微生物增殖检验。

7.9.1　将全部封口合格样本在表 3 规定条件下保温,然后逐一进行检查。

表 3　样本的保温条件

液体食品种类	保温条件	
	温度/℃	时间/d
低酸性食品	36±1	7
酸性食品	30±1	7

7.9.2　目视检出胀包(盒、袋、瓶[1])、泄漏的样本,记录数量。

7.9.3　打开其余全部样本进行 pH 值测定(中性饮料做 pH 值测定)和感官检查,检出 pH 值与原灌装物料 pH 值之差大于 0.2 和感官检查有疑点(如浑浊、沉淀、色泽变化、嗅觉或味觉变化等)的样本,进行涂片染色镜检。用革兰氏染色法染色、镜检,至少观察五个视野,判断是否有微生物增殖现象,将有微生物增殖的样本记录数量。

7.9.4　将 7.9.2 和 7.9.3 记录的数量相加得出微生物增殖指标不合格样本的总数。

7.9.5　致病菌检查所需样本首先从有微生物增殖的样本中抽取,当有微生物增殖的样本不够三件时再从检查批中抽取,使样本大小达到表 2 要求。

7.9.6　当不出现微生物增殖时可不进行致病菌检验。

1) 此项检验,不包括玻璃容器。

7.10 游离性余氯的残留量检验按 GB/T 5750.11 的检测方法进行。

7.11 过氧化氢和过氧乙酸的残留量检验按消毒技术规范中的测定方法进行。

8 设备质量判定及处理

8.1 所有验收检验项目全部合格时，设备通过验收。

8.2 部分检验项目不合格时，由设备供应方对不合格项目进行补充调试或修理后，进行再次检验，检验合格后，设备通过验收。

8.3 经过三次补充验收仍不能达到所有检验项目全部合格时，设备不能通过验收。

附 录 A
（资料性附录）
液体食品包装设备分类标准

A.1 液体食品包装设备

A.1.1 “普通包装设备”带有基本的技术装备，符合被包装液体食品的卫生标准，用于调味品、碳酸饮料、低度酒等的包装，常温下运输和贮存。
A.1.2 “保鲜包装设备”带有附加的卫生装备限制二次污染，用于冷藏液体食品的包装。
A.1.3 “热灌装设备”在 83 ℃～95 ℃条件下进行灌装，杀灭包装物及顶盖上的微生物，符合商业无菌的条件，用于液体食品等的包装。产品在常温下运输和贮存。
A.1.4 “超洁净灌装设备” 根据产品性质，超洁净灌装设备的技术性能和配置会有较大差异，但应达到微生物栅栏技术的基本要求和延长产品货架期为其宗旨。
A.1.5 “无菌包装设备”符合商业无菌条件的包装设备。

A.2 各类设备的要求

A.2.1 表 A.1 给出各类设备的配套要求及灭菌效率(SE)要求。

表 A.1 各类设备的配套要求及灭菌效率(SE)要求

项　　目	包装设备类别				
	普通包装设备	保鲜包装设备	热灌装设备	超洁净灌装设备	无菌包装设备
配套灭菌系统	—	巴氏灭菌或超高温灭菌	超高温灭菌或其他	巴氏灭菌或超高温灭菌	超高温灭菌
灭菌效率(SE)	—	1～5 或 5～9	≥5	≥5	≥9

灭菌效率计算见式(A.1)：

$$SE = \log \frac{\text{灭菌前微生物总数}}{\text{灭菌后微生物总数}} \qquad \cdots\cdots(A.1)$$

A.2.2 表 A.2 给出各类灌装设备应具备的基本技术要求。

表 A.2 各类灌装设备应具备的基本技术要求

项　　目	包装设备类别				
	普通包装设备	保鲜包装设备	热灌装设备	超洁净灌装设备	无菌包装设备
灌装区	敞开式灌装区	灌装区从包材进入到封口全过程保护	灌装区从包材进入到封口全过程保护	从包材进入到封口全过程封闭	从包材进入到封口全过程封闭
灌装区无菌保护	无	无	无	使用无菌空气(过压法)设备工作时灌装区所有出口和缝隙、不许有外界空气倒流入灌装区现象	使用无菌空气(过压法)设备工作时灌装区所有出口和缝隙、不许有外界空气倒流入灌装区现象

表 A.2(续)

项目	包装设备类别				
	普通包装设备	保鲜包装设备	热灌装设备	超洁净灌装设备	无菌包装设备
包装物处理	无处理	无处理或紫外线灭菌	清洗或灭菌剂灭菌	用过氧化物,含氯化合物或饱和蒸汽处理,SE≥3	用过氧化物、含氯化合物或饱和蒸汽处理,SE≥5
灌装区预灭菌	无	无	无	用过氧化物,含氯化合物或饱和蒸汽处理,SE≥3	用过氧化物,含氯化合物或饱和蒸汽处理,SE≥5
液体食品输送管道和阀门处理	无	无	无	SE≥5	SE≥5

A.2.3 表 A.3 给出设备清洗和灭菌的要求。

表 A.3 设备清洗和灭菌的要求

项目	包装设备类别				
	普通包装设备	保鲜包装设备	热灌装设备	超洁净灌装设备	无菌包装设备
灌装区	手工	手工	手工或 COP(包括化学处理)	COP+SOP[a]	COP+SOP SE≥5
无菌空气系统	不带	不带	不带	伸入灌装区的管道和喷头用蒸汽或 H_2O_2 蒸汽灭菌 SE≥5	伸入灌装区的管道和喷头用蒸汽或 H_2O_2 蒸汽灭菌 SE≥5
物料输送系统(灌装头、管道、阀门)	手工或 CIP	CIP	CIP	CIP+SIP(用过热水或饱和蒸汽) SE≥5	CIP+SIP(用过热水或饱和蒸汽) SE≥5
外部区域	手工	手工	手工	手工	手工

[a] 对灌装区小的场合、或被灌装的产品无要求时可不进行 COP+SOP 作业。

A.2.4 表 A.4 给出灭菌和灌装配套件的要求。

表 A.4 灭菌和灌装配套件的要求

项目	包装设备类别				
	普通包装设备	保鲜包装设备	热灌装设备	超洁净灌装设备	无菌包装设备
卷状包材与食品接触表面的细菌总数	—	≤1 cfu/cm²	≤1 cfu/cm²	<20 cfu/cm²	<20 cfu/cm²
成型包装物(瓶)与食品接触表面的细菌总数	—	≤25 cfu/100 mL 容积	≤25 cfu/100 mL 容积	≤25 cfu/100 mL 容积	无菌包装用大袋应经过辐照灭菌,其他包装容器≤25 cfu/100 mL 容积

表 A.4（续）

项　　目	包装设备类别				
	普通包装设备	保鲜包装设备	热灌装设备	超洁净灌装设备	无菌包装设备
无菌过滤器过滤精度	—	—	—	≤0.3 μm	≤0.3 μm
在灭菌与灌装设备之间如有其他设备时的卫生要求（泵、阀、储罐、均质机等）	—	—	—	卫生级	无菌级

ICS 67.250
X 08

中华人民共和国国家标准

GB/T 23508—2009

食品包装容器及材料　术语

Food packaging containers and articles—Terms

2009-03-30 发布　　　　2009-10-01 实施

中华人民共和国国家质量监督检验检疫总局
中国国家标准化管理委员会　发布

前　言

本标准由中国标准化研究院提出并归口。

本标准起草单位：中国标准化研究院、中国出口商品包装研究所、中国包装和食品机械总公司、国家环保产品质量监督检验中心。

本标准主要起草人：王菁、刘文、王远德、郭丽敏、马爱进、王国扣。

食品包装容器及材料　术语

1　范围

本标准规定了与食品直接接触的以及预期与食品直接接触的食品包装容器及材料基础术语、食品包装容器术语、食品包装材料术语、食品包装辅助材料和辅助物术语、质量安全和检验术语及其定义。

本标准适用于食品包装容器及材料的科研、生产、管理等其他有关领域。

2　基础术语

2.1

食品包装容器　food packaging container

包装、盛放食品或食品添加剂用的制品，如塑料袋、玻璃瓶、金属罐、纸盒、瓷器等。

2.2

食品包装材料　food packaging article

直接用于食品包装或制造食品包装容器的制品，如塑料膜、纸板、玻璃、金属等。

2.3

食品包装辅助材料　auxiliary food packaging article

在食品包装上起辅助作用的材料总称。主要包括直接接触食品或者食品添加剂的涂料、粘合剂和油墨。

2.4

食品包装辅助物　food packaging auxiliary

在食品包装上起辅助作用的制品总称。主要包括直接接触食品的封闭器(如密封垫、瓶盖或瓶塞)、缓冲垫、隔离或填充物等。

3　食品包装容器术语

3.1

塑料包装容器　plastic container

以树脂为主要原料制造成型的包装容器。

3.2

塑料箱　plastic bin

以树脂为主要原料制造成型的箱状包装容器。

3.3

塑料周转箱　plastic circulating bin

重复使用的塑料箱。

3.4

钙塑瓦楞箱　plastic calp bin

以聚乙烯、聚丙烯等树脂为基料，添加碳酸钙、硫酸钙或亚硫酸钙等无机钙盐制成瓦楞板，再按瓦楞纸箱的制作方法制造成型的可折叠式塑料箱。

3.5

塑料保温箱　plastic heat insulated bin

具有保温作用的塑料箱。

3.6

塑料瓶　plastic bottle

以树脂为主要原料制造成型的瓶状包装容器。

3.7

塑料袋　plastic bag

以塑料薄膜为主要原料经裁切、热合而制造成型的袋状包装容器。

3.8

非复合薄膜袋　single-ply film bag

由单一材质塑料薄膜制造成型的塑料袋。

3.9

复合薄膜袋　laminated film bag

由多种材质塑料薄膜制造成型的塑料袋。

3.10

塑料编织袋　plastic woven bag

由塑料编织布制造成型的袋状包装容器，多用于包装粉状或颗粒状固体物料等。

3.11

复合塑料编织袋　laminated plastic woven bag

由复合塑料编织布制造成型的袋状包装容器。

3.12

塑料杯　plastic cup

以树脂为主要原料制造成型的杯状包装容器。

3.13

塑料盘　plastic plate

以树脂为主要原料制造成型的盘状包装容器。

3.14

塑料盒　plastic box

以树脂为主要原料制造成型的盒状包装容器。

3.15

塑料桶　plastic drum

以树脂为主要原料制造成型的桶状包装容器。

3.16

塑料罐　plastic can

以树脂为主要原料制造成型的罐状包装容器。

3.17

塑料盆　plastic basin

以树脂为主要原料制造成型的盆状包装容器。

3.18

塑料筐　plastic basket

以树脂为主要原料制造成型的筐状包装容器。

3.19

纸包装容器　paper container

以纸或纸板为主要材料而加工成型的食品包装容器。

3.20

纸袋　paper bag

以纸或纸的复合材料加工成型的袋状包装容器。

3.21

纸盒　carton

以纸板为主要材料加工成型的盒状包装容器。

3.22

折叠纸盒　folding carton

以较薄纸板为主要材料经过裁切和压痕后粘接加工成型的可折叠包装纸盒。

3.23

固定纸盒　fixed carton

用贴面材料将基材纸板粘贴裱糊而加工成型的立体包装纸盒，又称“粘贴纸盒”。

3.24

淋膜纸盒　coated paper carton

以淋膜纸板为主要材料加工成型的食品包装纸盒。

3.25

纸杯　paper cup

以纸板为基材加工成型的杯状包装容器。

3.26

纸罐　paper can

以纸板为主要材料加工成型的筒状并配由纸制或其他材料制成的底和盖的包装容器。

3.27

纸餐具　paper-made dishware

以纸板、淋膜纸板、纸浆为主要材料制作的，仅供一次性餐饮使用的盒、碗、杯等餐具，其中包括一次性方便面纸碗/桶。

3.28

玻璃包装容器　glass container

以硅酸盐为主要原料经成型加工制成的包装容器。

3.29

玻璃瓶　glass bottle

以硅酸盐为主要原料制造成型的瓶状包装容器。

3.30

玻璃罐　glass jar

以硅酸盐为主要原料制造成型的罐状包装容器。

3.31

复合罐　composite canister

由纸/铝/塑等复合材料作为内层，牛皮纸作为外层材料，乳胶作为粘合剂加工成型的罐状包装容器。

3.32

复合盒　composite box

由纸/铝/塑等复合材料作为内层，牛皮纸作为外层材料，乳胶作为粘合剂加工成型的盒状包装容器。

3.33

复合袋 composite bag

由纸/铝/塑等复合材料作为内层，牛皮纸作为外层材料，乳胶作为粘合剂加工成型的袋状包装容器。

3.34

陶瓷包装容器 ceramic packaging vessel

以粘土、陶土、高岭土为主要原料经烧制成型的包装容器。

3.35

陶器 pottery vessel

以陶土为主要原料制造成型的质地疏松或许施釉的包装容器。

3.36

瓷器 porcelain

以高岭土为主要原料制造成型的质地致密并且施釉的包装容器。

3.37

金属包装容器 metal container

以铁、铝等金属薄板加工成型的包装容器。

3.38

金属罐 metal can

用金属薄板为主要材料加工成型的罐状包装容器。

3.39

两片罐 two-piece can

以金属薄板为材料经冲压、拉伸加工成型的罐型包装制品，其罐身与罐底为一体，没有罐身接缝，只有一道罐身与罐盖卷封线的包装容器。

3.40

三片罐 three-piece can

以金属薄板为材料经压接、粘接和电阻焊接加工成型的罐型包装容器，由罐身、罐底和罐盖三部分组成，罐身有接缝，罐身与罐底和罐盖卷封的包装容器。

3.41

金属桶 metal bucket

以金属板为材料加工成型的桶状包装容器。

3.42

金属盒 metal carton

以金属板为材料加工成型的盒型包装容器。

3.43

铝箔容器 aluminium foil container

以铝箔为主体材料加工成型的包装容器。

3.44

木质包装容器 wooden container

以预先经过加工的木材或木质混合材料为原料制造成型的刚性包装容器。

3.45

木箱 wooden case

以预先经过加工的木材或木质混合材料为原料制造成型的用于运输包装的箱状包装容器。

3.46

木盒　wooden box

以预先经过加工的木板为主要材料加工成型的用于销售包装的盒状包装容器。

3.47

木桶　wooden barrel

以预先经过加工的木板为主要材料拼接而成的圆筒状或腰鼓状的包装容器。

3.48

竹材包装容器　bamboo container

以预先经过加工的竹材为原料编制成型的包装容器，主要有竹筒、竹篮、竹筐、竹箱等。

3.49

草类编织容器　grass woven container

以预先经过加工的水草、稻草等为原料编制成型的包装容器。

3.50

搪瓷容器　enamel container

在金属坯体表面涂覆搪瓷釉经烧结而制成的包装容器。

3.51

纤维容器　fibre-made container

以棉、麻等天然纤维和以人造纤维、合成纤维的织品为主要材料加工成型的包装容器。

3.52

布袋　fabric bag

以棉纤维织品为原料制造成型的袋状包装容器，可在袋内衬纸袋或塑料袋。

3.53

麻袋　jute bag

以麻纤维织品为主要材料加工成型的袋状包装容器。

3.54

人造纤维袋　artificial fibre bag

以人造纤维织品为主要材料加工成型的袋状包装容器。

3.55

合成纤维袋　synthetic fibre bag

以合成纤维织品为主要材料加工成型的袋状包装容器。

4　食品包装材料术语

4.1

塑料包装材料　plastic packing article

以树脂为主要原料经加工制造成型的包装材料。

4.2

塑料膜　plastic film

以树脂为主要原料制造成型的厚度为 0.2 mm 以下的平面状包装材料。

4.3

非复合塑料膜　single-ply film

由单一树脂原料制造成型的包装塑料膜。

4.4

复合塑料膜　laminated film

由多种树脂材料复合而制造成型的包装塑料膜。

4.5

食品保鲜膜　cling film for food wrapping

以树脂为主要原料制造成型的用于食品包装且具有保鲜、保洁性能的塑料薄膜。

4.6

塑料肠衣膜　sausage casing

以树脂为主要原料制造成型的用于灌装肠类的薄膜制品。

4.7

塑料片　plastic sheet

以树脂为主要原料制造成型的厚度一般指 0.2 mm～0.7 mm 平面状包装材料。

4.8

纸包装材料　paper wrapping article

以植物纤维为主要原料制造成型的包装材料。

4.9

玻璃纸　cellophane

以植物纤维为主要原料经烧碱、二硫化碳处理而制造成型的包装透明薄膜。

4.10

半透明纸　translucent paper

以植物纤维为主要原料经高度打浆处理而制造成型的具有一定耐水性的天然半透明的包装纸。

4.11

食品羊皮纸　parchment for food

以植物纤维为主要原料，经浓硫酸处理后制造成型的半透明食品包装纸。

4.12

茶叶袋滤纸　filter paper for teabag

以植物纤维为主要原料制造成型的用于生产袋泡茶袋的包装纸。

4.13

鸡皮纸　cartridge paper

以植物纤维为主要原料抄造成型的重施胶且具有一定湿抗张强度的包装纸。

4.14

铝箔　aluminum foil

以铝薄板经多次冷轧、退火加工成型的厚度一般为 0.05 mm ～0.07 mm 的包装材料。

5　食品包装辅助材料和辅助物术语

5.1

涂料　coating

能涂敷于食品包装内壁并形成内壁涂层的液体或固体高分子材料。

5.2

粘合剂　adhesive

能使食品包装或材料中的两物体表面以一定强度结合在一起的物质，又称胶粘剂，俗称胶。

5.3

油墨　printing ink

在食品包装印刷过程中被转移到承印物上的成像物质，由颜料、连结料、填充物和助剂等组成。

5.4

密封物　closure material

为确保食品在运输、储运和销售过程中保留在包装容器内并免受污染而附加在包装容器上的盖、塞等封口材料的总称。

5.5

盖　cap

覆盖在食品包装容器开口处的成型封闭物。

5.6

塞子　plug

塞进食品包装容器开口处里面的一种封闭物，利用摩擦作用或环纹固定。

5.7

软木塞　cork plug

由软木经加工制成的塞子。

5.8

密封垫　closure liner

垫在盖里面起密封作用的材料。

6　质量安全和检验术语

6.1

迁移　migration

食品包装容器及材料中的化学物质或成分向食品的转移。

6.2

迁移量　migration quantity

食品包装容器或材料中的化学物质或成分向食品转移的数值。

6.3

总迁移限量　overall migration limit

对可能从食品包装容器及材料迁移到食品的所有物质进行限制的最大数值。

6.4

特定迁移限量　specific migration limit

对可能从食品包装容器及材料迁移到食品的单一物质进行限制的最大数值。

6.5

残留　residual

在食品包装容器及材料中存在的、未起到预期作用的剩余添加剂、溶剂或未聚合的单体。

6.6

最大残留限量　maximum residue limit

食品包装容器及材料中允许残留有害物质的最大数值。

6.7

蒸发残渣　evaporation residue

食品包装容器及材料接触水、乙酸、乙醇、正己烷等食品模拟物后，可能析出的物质。

6.8

高锰酸钾消耗量　consumption of potassium permanganate

食品包装容器及材料中迁移到浸泡液中并能被高锰酸钾的氧化的全部物质的总量。

6.9

重金属迁移量　heavy metal migration limit

食品包装容器及材料在一定使用条件下可能会迁移到食物中的重金属的量，一般指铅、铬、镉等物质。

6.10

荧光性物质　fluorescent substances

一种可吸收紫外线而发射荧光的物质。

6.11

脱色　decolorization

食品包装容器及材料遇到酒、油、酸性物质等情况下的产品脱色情况。

6.12

急性毒性试验　acute toxicity test

观察受试动物一次或 24 h 内多次染毒的表现，主要测定半数致死量(浓度)，为亚慢性和慢性毒性试验的观察指标及剂量选择提供依据的试验。

6.13

亚慢性毒性试验　subacute toxicity test

观察用不同剂量水平的受试物较长期喂养动物的毒性作用性质和靶器官，并确定最大无作用剂量，为慢性毒性和致癌试验的剂量选择和评价受试物能否应用于食品提供依据的试验。

6.14

慢性毒性试验　chronic toxicity test

观察受试动物长期接触受试物后出现毒性作用，尤其是进行性或不可逆的毒性作用以及致癌作用并确定最大无作用剂量，对最终评价受试物能否应用于食品提供依据的试验。

6.15

可追溯性　traceability

跟踪并且描述某种食品包装容器或材料在加工、流通和消费等全过程状态的能力。

参 考 文 献

[1] GB/T 4122.1—2008 包装术语 第1部分:基础
[2] GB/T 4122.2—1996 包装术语 机械
[3] GB/T 4122.3—1997 包装术语 防护
[4] GB/T 4122.4—2002 包装术语 木容器
[5] GB/T 4122.5—2002 包装术语 检验与试验
[6] GB/T 5000—1985 日用陶瓷名词术语
[7] GB/T 13040—1991 包装术语 金属容器
[8] GB/T 17858.1—2008 包装术语 术语和类型 第1部分:纸袋

中 文 索 引

T

X

Y

Z

英 文 索 引

A

B

C

D

E

F

R

S

T

W

ICS 67.250
X 08

中华人民共和国国家标准

GB/T 23509—2009

食品包装容器及材料　分类

Food packaging containers and articles—Classification

2009-03-30 发布　　　　2009-10-01 实施

中华人民共和国国家质量监督检验检疫总局
中国国家标准化管理委员会　发布

前　言

本标准由中国标准化研究院提出并归口。

本标准起草单位：中国标准化研究院、中国包装和食品机械总公司、中国出口商品包装研究所、国家环保产品质量监督检验中心。

本标准主要起草人：刘文、王菁、马爱进、王国扣、王远德、郭丽敏。

食品包装容器及材料　分类

1　范围

本标准规定了食品包装容器及材料的类别和名称。

本标准适用于与食品直接接触的以及预期与食品直接接触的食品包装容器及材料的分类。

2　塑料包装容器及材料

2.1　塑料包装容器

2.1.1　塑料包装容器按形态可分为塑料箱、塑料袋、塑料瓶、塑料杯、塑料盘、塑料盒、塑料罐、塑料桶、塑料盆、塑料碗、塑料筐、复合易拉罐等。具有质量轻、耐腐蚀、耐酸碱、耐冲击等特点。

2.1.2　塑料箱按功能可分为塑料周转箱、钙塑瓦楞箱及其他塑料箱(如塑料保温箱)等。

2.1.3　塑料袋按工艺可分为非复合塑料袋、复合塑料袋等。

2.2　塑料包装材料

2.2.1　塑料包装材料按形态可分为塑料膜、塑料片。具有质量轻、耐腐蚀、耐酸碱、耐油、耐冲击等特点。

2.2.2　塑料膜按结构可分非复合塑料膜和复合塑料膜。

2.2.3　塑料片按结构可分单层塑料片和复合塑料片。

3　纸包装容器及材料

3.1　纸包装容器

3.1.1　纸包装容器按形态和功能可分为纸袋、纸箱、纸盒、纸碗、纸杯、纸罐、纸餐具、纸浆模塑制品等。具有质量轻、印刷性好、无毒、卫生等特点。

3.1.2　纸袋按形状分为扁平式纸袋、方底式纸袋、便携式纸袋、阀门式纸袋、M形折式纸袋等;按纸袋层数分为单层纸袋、双层纸袋和多层纸袋。

3.1.3　纸箱按材料分为瓦楞纸箱、硬纸板箱。按照箱型可分为摇盖纸箱、套合型纸箱、折叠型纸箱、滑盖型纸箱、固定型纸箱等。

3.1.4　纸盒按形状分为方形纸盒、三角形纸盒、菱形纸盒、圆形纸盒、屋脊纸盒、异形纸盒、梯形纸盒等。

3.1.5　纸杯按工艺可分为淋膜纸杯和涂蜡纸杯;按形状可分为圆锥形纸杯、圆桶形纸杯等。

3.1.6　纸罐按形状可分为圆形纸罐、椭圆形纸罐、矩形纸罐和多边形纸罐;按工艺分为螺旋式纸罐、平卷式纸罐。

3.2　纸包装材料

3.2.1　纸包装材料按材料分为纸张、纸板。具有质量轻、印刷性好、无毒、卫生等特点。

3.2.2　纸张按材料和功能分为玻璃纸、羊皮纸、牛皮纸、鸡皮纸、茶叶袋滤纸、糖果包装纸、冰棍包装纸、半透明纸等。

3.2.3　茶叶袋滤纸按封口方式可分为热封型茶叶袋滤纸和非热封型茶叶袋滤纸。

3.2.4　纸板按形态可分为白纸板、箱纸板、瓦楞纸板等。

3.2.5　瓦楞纸板按瓦楞形状分为U型、V型和UV型三种;按瓦楞纸板的材料层数分为双层、三层、五层、七层瓦楞纸板等。具有一定的强度、耐压性和良好的防震缓冲性能。

4 玻璃包装容器

4.1 玻璃包装容器按容器形状分为玻璃瓶、玻璃罐、玻璃碗、玻璃盘、玻璃缸等。具有耐酸、耐碱以及良好的化学稳定性、高阻隔性、硬度较高、易碎等特点。

4.2 玻璃瓶按瓶口内径大小分为小口瓶、广口瓶。

4.3 玻璃罐按罐口形状分为压盖封口罐和螺旋封口罐。

5 陶瓷包装容器

陶瓷包装容器按容器形状可分为陶瓷瓶、陶瓷罐、陶瓷缸、陶瓷坛、陶瓷盘、陶瓷碗等;按材料可分为陶器、瓷器、土器等。具有耐火、耐热、耐药性、高刚性、高抗压强度、耐酸性能优良等特点。

6 金属包装容器及材料

6.1 金属包装容器

6.1.1 金属包装容器按材料可分为铝制、钢制等金属容器;按形状可分为金属罐、金属桶、金属盒、金属碗、金属盆等。具有优良的阻隔性能、机械性能、耐高温、耐压、不易破损等。

6.1.2 金属罐按形状可分为圆形罐、矩形罐、异形罐;按结构可分为三片罐、两片罐;按工艺可分为接缝罐、冲压罐;按开启方式可分为罐盖切开罐、罐盖易开罐、罐盖卷开罐;按材质可分为马口铁罐、铝罐等。

6.1.3 金属桶按材料可分为钢桶、铝桶、马口铁桶、白铁皮桶等;按形状可分为圆形桶、异形桶;按桶口内径可分为小口桶、中口桶、大口桶;按桶口的闭开形式可分为闭口钢桶、开口钢桶。

6.1.4 金属盒按形状可分为方形盒、圆形盒、扁形盒、椭圆形盒和异形盒等;按工艺可分为焊接盒、拉伸盒;按盒盖形式可分为压扣盖盒、折边盖盒、铰链盖盒等。

6.2 金属包装材料

铝箔根据压延后的热处理程度可分为软质铝箔和硬质铝箔。

7 复合包装容器及材料

7.1 复合包装容器

7.1.1 复合包装容器按材料可分为纸/塑复合材料容器、铝/塑复合材料容器、纸/铝/塑复合材料容器。具有良好的阻隔性能。

7.1.2 纸/塑复合容器按形状可分为纸/塑复合袋、纸/塑复合杯、纸/塑复合纸碗、纸/塑复合碟和纸/塑餐盒等。

7.1.3 铝/塑复合容器按形状可分为铝/塑复合袋、铝/塑复合桶、铝/塑复合盒等。

7.1.4 纸/铝/塑复合容器按形状可分为纸/铝/塑复合袋、纸/铝/塑复合筒、纸/铝/塑复合包。

7.2 复合包装材料

7.2.1 复合包装材料按材质可分为纸/塑复合材料、铝/塑复合材料、纸/铝/塑复合材料、纸/纸复合材料、塑/塑复合材料等。具有较高的力学强度、阻隔性、密封性、避光性、卫生性等。

7.2.2 纸/塑复合材料按材料可分为纸/PE(聚乙烯)、纸/PET(聚对苯二甲酸乙二醇酯)、纸/PS(聚苯乙烯类)、纸/PP(聚丙烯)等。

7.2.3 铝/塑复合材料按材料可分为铝箔/PE(聚乙烯)、铝箔/PET(聚对苯二甲酸乙二醇酯)、铝箔/PP(聚丙烯)等。

7.2.4 纸/铝/塑复合材料按材料可分为纸/铝箔/PE(聚乙烯)、纸/PE(聚乙烯)/铝箔/PE(聚乙烯)等。

8 其他包装容器

8.1 木质包装容器按形状可分为木箱、木桶、木盒等。

8.2 竹材包装容器按形状可分为竹篮、竹筐、竹箱、竹筒等。

8.3 搪瓷包装容器按形状可分为搪瓷罐、搪瓷缸、搪瓷盘、搪瓷碗、搪瓷碟、搪瓷釜、搪瓷盆、搪瓷杯、搪瓷锅等。

8.4 纤维包装容器按材料可分为布袋、麻袋等。

9 辅助材料和辅助物

9.1 涂料按材料可分为环氧树脂涂料、有机硅涂料等。

9.2 粘合剂按材料可分为水溶型粘合剂、热熔型粘合剂、溶剂型粘合剂、乳液型粘合剂等。

9.3 油墨按材料可分为水性型、醇溶型、有机溶剂型、干性油型、树脂油型、石蜡型等油墨。

9.4 辅助物按功能可分为封闭器(如密封垫、瓶盖或瓶塞)、缓冲垫、隔离或填充物等。

参 考 文 献

[1] GB/T 4122.1—2008 包装术语 第1部分:基础
[2] GB/T 15091—1994 食品工业基本术语

ICS 67.250
X 08

中华人民共和国国家标准

GB/T 23887—2009

食品包装容器及材料生产企业通用良好操作规范

General good manufacturing practice for food packaging containers and materials factory

2009-05-19 发布　　2009-12-01 实施

中华人民共和国国家质量监督检验检疫总局
中国国家标准化管理委员会　发布

前　言

本标准参考了欧盟《食品接触材料和物品良好操作规范》(2023/2006/EC)。

本标准由中国标准化研究院提出并归口。

本标准起草单位:中国标准化研究院、国家塑料制品质量监督检验中心、国家环保产品质量监督检验中心、中国制浆造纸研究院、河北科技大学、北京市海淀区产品质量监督检验所等。

本标准主要起草人:马爱进、王菁、刘文、翁云宣、郭丽敏、李兴峰、邱文伦、李雪梅、王朝晖等。

食品包装容器及材料生产企业通用良好操作规范

1 范围

本标准规定了食品包装容器及材料生产企业的厂区环境、厂房和设施、设备、人员、生产加工过程和控制、卫生管理、质量管理、文件和记录、投诉处理和产品召回、产品信息和宣传引导等方面的基本要求。

本标准适用于食品包装容器及材料生产企业。

2 规范性引用文件

下列文件中的条款通过本标准的引用而成为本标准的条款。凡是注日期的引用文件，其随后所有的修改单(不包括勘误的内容)或修订版均不适用于本标准，然而，鼓励根据本标准达成协议的各方研究是否可使用这些文件的最新版本。凡是不注日期的引用文件，其最新版本适用于本标准。

GB 5749　生活饮用水卫生标准

GB 9685　食品容器、包装材料用添加剂使用卫生标准

3 术语和定义

下列术语和定义适用于本标准。

3.1

食品包装容器及材料　food packaging containers and materials

包装、盛放食品或者食品添加剂用的纸、竹、木、金属、搪瓷、陶瓷、塑料、橡胶、天然纤维、化学纤维、玻璃等制品和直接接触食品或者食品添加剂的涂料。

3.2

厂房　workshop

用于食品包装容器及材料加工、制造、包装、贮存等或与其有关的全部或部分建筑及设施。

3.3

物料　materials

为了产品销售，所有需要列入计划、控制库存、控制成本的一切物品的统称。

3.4

产品　products

食品包装容器及材料半成品、成品的总称。

3.5

半成品　semifinished products

任何成品制造过程中间产品，经后续制造过程可制成成品。

3.6

成品　finished products

经过完整的加工制造过程并包装标示完成的待销售产品。

3.7

缓冲区　buffer area

原材料或半成品进入管制作业区时，为避免管制作业区直接与外界相通，在入口处所设置的缓冲场所。

3.8

外协件 purchased parts

经外加工的食品包装容器及材料零部件。

4 厂区环境

4.1 厂区应与有毒有害源保持一定的安全距离。

4.2 厂区内外环境应整洁、卫生,生产区的空气、水质、场地应符合生产要求。

4.3 企业的生产、行政、生活和辅助区的总体布局应合理,不得互相妨碍。

5 厂房和设施

5.1 厂房要求

5.1.1 厂房面积应与生产能力相适应,有足够的空间和场地放置设备、物料和产品,并满足操作和安全生产需要。

5.1.2 厂房应按生产工艺流程及需求进行合理布局。

5.1.3 企业应根据需求使生产车间墙壁、地面、天花板表面平整光滑,并能耐受清理和消毒,以减少灰尘积聚和便于清洁。

5.1.4 同一生产车间内以及相邻生产车间之间的生产操作不得相互妨碍。不同卫生要求的产品应避免在同一生产车间内生产。生产车间内设备与设备间、设备与墙壁间,应有适当的空间,便于操作。

5.1.5 生产车间应根据需要建立人员通道和物流通道,物流通道应与生产区隔离,且具备与生产相适应的隔离区。

5.2 设施要求

5.2.1 应具备与生产能力相适应的卫生、通风、搬运、输送等设施,并维护完好。

5.2.2 应根据需要在生产车间设置消毒、防尘、防虫、防鸟、防鼠等设施。

5.2.3 应根据需求为厂房配置足够的照明设施,对照明度有特殊要求的生产区域可设置局部照明。厂房应有应急照明设施。

5.2.4 应根据生产工艺对温度、湿度有要求的生产车间配置温湿度调节设施。

5.2.5 应根据需求在车间入口处设缓冲区或缓冲措施,并装备除尘、消毒设施,定期消毒。

5.2.6 应在生产车间附近设置更衣室。更衣室大小应与生产人员数量相适应,并配备照明等设施。

5.2.7 应根据需要在库房设置防漏、防潮、防尘、防虫、防鸟、防鼠及其他防害设施。

5.2.8 根据需要在必要的地方设置适宜的清洁和消毒设施。

5.2.9 应为员工提供适当的、方便的卫生间,卫生间应与生产车间隔离。

5.2.10 应配备废料处理设施,防止对食品包装容器及材料的生产产生污染。

5.2.11 应配备适当的供水、排水系统。

6 设备

6.1 应具备符合生产要求的生产设备和分析检测仪器或设备。

6.2 生产设备的设计、选型、布局、安装应符合生产要求,易于清洁,便于生产操作和维修、保养,确保安全生产。

6.3 生产设备应定期维修和保养。

6.4 用于生产和检验的仪器、仪表、量具、衡器等的适用范围和精度应符合生产和质量检验的要求,应有明显的状态标志,并按期校正。

6.5 生产和检验设备(包括备品、备件)应建立设备档案,记录其使用、维修、保养的实际情况,并由专人管理。

7 人员

7.1 企业应配备数量足够、与生产产品相适应的人员。

7.2 企业负责人应了解其在质量安全管理中的职责与作用、相关的专业技术知识、产品标准、主要性能指标、产品生产工艺流程和检验要求等。

7.3 质量管理、卫生管理负责人应具有食品包装容器及材料质量和卫生管理的实践经验，有能力对产品生产过程中出现的问题作出正确处理。

7.4 技术人员应掌握专业技术知识，并具有一定的质量安全管理知识。

7.5 生产操作人员应熟悉自己的岗位职责，具有基础理论知识和实际操作技能，能熟练地按工艺文件进行生产操作。

7.6 直接接触产品的从业人员应按法律法规要求进行体检和取得健康证明。

7.7 检验人员应熟悉产品检验规定，具有与工作相适应的质量安全知识、技能和相应的资格。

7.8 应对与产品质量安全相关的人员进行必要的培训和考核。

7.9 电工、锅炉工、叉车工等特殊岗位工作人员应持证上岗。

8 原辅料控制

8.1 生产食品包装容器、材料的原辅料应符合国家法律法规或标准要求。食品包装容器、材料用添加剂应符合 GB 9685 及相关法规要求。

8.2 应对原辅材料供应商进行评价，选择合格供应商。应索取原辅材料供应商检验合格证明或报告，并保存供应商提供的合格证明，保存期限 2 年以上。

8.3 应按原辅料采购制度和采购标准实施采购，应使用食品原辅材料，塑料和纸制品不得使用回收再生料。

8.4 应根据生产需要和加工能力有计划采购原辅料。

8.5 应按规定对采购的原辅料以及外协件进行质量检验或根据有关规定进行质量验证，并保存检验/验证记录，保存期限 2 年以上。

8.6 原辅料入库后，应有醒目的“待验”标志，质量管理部门检验或验证合格后方能使用。检验合格后的原辅料以“先进先出”为原则进行使用。不合格的原辅料不得使用并由授权人员批准按有关规定及时处理、记录在案。

8.7 原辅料的贮存应根据原辅料的物理特性和化学特性，选择合适的贮存条件分别储存。有毒有害物料、易燃易爆物料应单独存放，明确标识，并由专人保管。

8.8 待检、合格、不合格原辅料应分区存放，按批次存放，并有易于识别的明显标志。

8.9 原辅料的使用应用准确的定量工具称量。

9 生产过程控制

9.1 生产加工操作要求

9.1.1 企业生产人员应严格执行工艺管理制度，按操作规程、作业指导书等工艺文件进行生产操作。各个环节应在一定的生产技术条件下进行，以尽量减少产品质量安全受到影响的可能性。

9.1.2 对有特殊生产要求(如：无菌包装)产品，应监测其生产区的空气质量，并将结果记录存档。

9.1.3 生产过程中与产品直接接触的水应符合 GB 5749 要求。

9.1.4 生产过程中应采取有效措施防止交叉污染。

9.1.5 应正确操作和维护生产用设备及工具，以避免加工过程中对产品造成污染。

9.1.6 应根据产品特点，合理使用搬运工具。

9.2 包装、贮存、运输要求

9.2.1 用于包装食品包装的材料应清洁、卫生，不应对产品造成污染；包装方式能有效防止二次污染。

9.2.2 应根据产品的物理特性和化学特性，选择合适的贮存条件贮存，以保证产品质量不受影响。在贮存过程中应加强防护，防止成品出现损伤、污染。

9.2.3 应根据产品特点，规定产品的保质期。

9.2.4 成品应标明检验状态，不合格品应单独存放，并明显标识。

9.2.5 用于运输食品包装容器及材料的运输工具（如：车辆、集装箱等）应清洁、干燥，且有防雨措施；不应与有毒有害或有异味的物品混运。

10 卫生管理

10.1 应有相应的卫生管理部门，对本企业的卫生工作进行全面管理。负责宣传和贯彻有关法规和制度，监督、检查在本企业的执行情况；制修订本企业的各项卫生管理制度和规划；组织卫生宣传教育工作，培训有关人员；定期组织本企业人员的健康检查，并做好善后处理等工作。

10.2 企业厂区应无鼠、蝇、害虫等滋生地，并根据情况在必要时采取措施防止鼠类等聚集和滋生。

10.3 车间内地面、墙壁、屋顶应清洁、符合卫生要求，防止对产品产生污染。

10.4 生产车间内安装的水池、地漏不得对生产造成污染。

10.5 应根据生产对洁净度要求的不同，对厂区内的生产车间和公共场所实行分级卫生管理。

10.6 所有进入生产车间的人员均应严格遵守有关卫生制度。

10.7 生产车间人员应保持个人清洁、卫生，按规定穿戴工作衣帽、鞋，不得将与生产无关的物品、饰物带入车间。

10.8 生产车间内的更衣室和洗手设施等公共设施应由专人管理，并按制度及时清洗和消毒，保持清洁状态，不应给生产带来污染。

10.9 人员通道和物流通道应保持畅通，无杂物堆集。

10.10 特殊卫生要求的车间应按制度定期消毒，防止对产品产生污染。

10.11 特殊车间禁止使用鼠药，防止对产品污染。

10.12 库房的地面、墙面、顶棚应整洁卫生。

10.13 应确保设施、设备和工具卫生状况良好，防止污染产品。

10.14 设备使用的润滑剂、脱模剂、清洗剂等不得对产品造成污染。

10.15 废水、废气、废料排放、噪声污染及卫生要求等应符合国家有关规定，废弃物的存放、处理对生产无污染危害。

10.16 有毒化学物品均应有固定包装，并在明显处标示“有毒品”字样，贮存于专门库房或柜橱内，加锁并由专人负责保管。使用时应由经过培训的人员按照使用方法进行，防止污染和人身中毒。

10.17 在生产、运输、贮存产品过程中，应防止有毒化学品的污染。厂区内不得同时生产有毒化学物品。

11 质量管理

11.1 应有相应的质量管理部门，负责食品包装容器及材料产品生产全过程的质量管理和检验，对产品质量具有否决权。

11.2 应识别工艺过程质量安全的危害因素，设定关键控制点，并制定控制措施。生产过程应对关键控制点实施严格监控，并建立追溯性记录。

11.3 生产过程中质量管理结果若发现异常现象时，应迅速追查原因，并妥善处理。

11.4 应对首次使用的原辅料、新工艺和新配方等进行试制，并进行主要控制指标的检测。试制品经检测合格后，方可投入批量生产。

11.5 应按规定开展过程检验,应根据工艺规程的有关参数要求,对过程产品进行检验,并记录。

11.6 应根据标准要求对所生产产品进行型式试验。如有委托检验项目,应委托具有法定检验资质的机构进行检验。

11.7 应按相应标准要求随机抽样对产品进行出厂检验,做好原始记录,并出具产品检验合格证明。

11.8 应根据不合格品管理制度,对检验不合格的产品,按规定做出相应处置。

11.9 应制定成品留样保存计划,保存时间应不短于成品标示的保质期。

11.10 应按批号或生产日期归档批生产记录,且保存至产品有效期后1年。未规定有效期的产品生产记录至少保存3年。

12 文件和记录

12.1 应有设施和设备的使用、维护、保养、检修等制度和记录。

12.2 应建立生产所需的原辅料采购、贮存、使用等方面的管理制度。包括原辅材料采购计划、采购清单、采购协议、采购合同等采购文件及使用台账等。

12.3 应有物料验收、生产操作、检验、发放、成品销售、用户投诉和产品召回等制度和记录。

12.4 应有不合格品管理、原辅料退库和报废、紧急情况处理等制度和记录。

12.5 应有环境、厂房、设备、人员等卫生管理制度和记录。

12.6 应建立文件程序对人员的个人卫生状况进行监控,并保存相关记录。

12.7 应有本规范和专业技术培训等制度和记录。

12.8 如有外协加工等委托服务项目,应制定相应的质量安全管理控制办法。

12.9 应有生产工艺规程、岗位操作法或标准操作规程生产工艺规程。

12.10 应有批生产记录,内容包括产品名称、生产批号、生产日期、操作者、复核者的签名,有关操作与设备、相关生产阶段的产品数量、物料平稳的计算、生产过程的控制记录及特殊问题记录等。

12.11 应有物料、半成品和成品质量标准及其检验操作规程。

12.12 应有批检验记录。

12.13 应建立文件的起草、修订审查、批准、撤销、印制及保管的管理制度。

13 投诉处理和产品召回

13.1 所有投诉,无论以口头或书面方式收到,都应当根据书面程序进行记录和调查。质量管理负责人(必要时,应协调其他有关部门)应及时追查,妥善解决。

13.2 管理者应实施有效的工作程序处理产品安全问题,确保将所有可疑批次的产品迅速从市场上召回。召回的产品应置于监督下妥善保管直至销毁,或用于非包装食品用的其他目的,或进行确保其安全性的再加工。

14 产品信息和宣传引导

14.1 出厂产品应具有合格证和产品标签。产品标签标识应包括产品名称、产地、生产者的名称和地址、生产日期等内容,必要时在标签上注明"食品用"字样。

14.2 出厂产品应具有或提供充分的产品信息,特殊产品应注明使用方法、使用注意事项、用途、使用环境、使用温度、主要原辅材料名称等内容。以使用户能够安全、正确地对产品进行处理、展示、贮存和使用。

14.3 健康教育应包括产品安全常识,应能使消费者认识到各种产品信息的重要性,并能够按照产品说明正确地使用。

ICS 85.010
Y 30

中华人民共和国国家标准

GB/T 28119—2011

食品包装用纸、纸板及纸制品　术语

Paper、paper board and paper products for food packaging—Terms

2011-12-30 发布　　2012-08-01 实施

中华人民共和国国家质量监督检验检疫总局
中国国家标准化管理委员会　发布

前　言

本标准按照 GB/T 1.1—2009 给出的规则起草。

本标准由中国轻工业联合会提出。

本标准由全国食品直接接触材料及制品标准化技术委员会(SAC/TC 397)归口。

本标准起草单位:中华人民共和国上海出入境检验检疫局、中国制浆造纸研究院、国家纸张质量监督检验中心。

本标准主要起草人:蒋伟、朱洪坤、缪文彬、张晓蓉、郑华、李蔚。

食品包装用纸、纸板及纸制品　术语

1　范围

本标准规定了食品包装用纸、纸板及纸制品的相关术语。

本标准适用于所有食品包装用纸、纸板及纸制品。

2　基础术语

2.1

食品包装用纸　paper for food packaging

用于包装食品的纸材料，如食品包装用玻璃纸、食品包装用羊皮纸等。

2.2

食品包装用纸板　paperboard for food packaging

用于包装食品的纸板，如液体食品包装用纸板等。

2.3

食品包装用纸制品　paper products for food packaging

用于包装食品或者食品添加剂的纸制品，如纸袋、纸盒、纸杯、纸餐具等。

3　食品包装用纸、纸板术语

3.1

食品包装用玻璃纸　cellophane for food packaging

以精制纸浆为原料经烧碱、二硫化碳处理，形成胶黏状物质，再经脱气、陈化，从狭缝中喷出，经凝固浴凝固、水洗、漂白、干燥而制造成型的用于包装食品的一种透明薄膜。

3.2

半透明纸　paper of glassine

以化学浆为主要原料经高度超级压光而制造成型的正反面均非常平滑并有光泽，具有高度防油性和耐脂性的天然半透明的包装纸。

3.3

食品包装用羊皮纸　parchment for food packaging

以纯植物纤维制成的原纸，经浓硫酸处理后制造成型的半透明食品包装纸。

3.4

鸡皮纸　cartridge paper

以漂白硫酸盐木浆为主要原料，有的加有少量食品级染料而制造成型的一种颜色像鸡皮、单面光的薄型包装纸。

3.5

非热封型茶叶滤纸　tea bag paper of non-heat seal type

以植物纤维等纤维原料制造成型的用于生产袋泡茶的不具有自身热封性的纸张。

3.6

热封型茶叶滤纸　tea bag paper of heat seal type

以植物纤维和热熔纤维等纤维原料制造成型的用于生产袋泡茶的具有自身热封性的纸张。

3.7

糕点包装纸　cake wrapping paper

包装糕点用的食品包装纸。

3.8

糖果包装纸　candy packaging paper

包装糖果的纸。有折叠糖果纸(对糖果进行折叠包装的糖果纸)、扭结糖果纸(对糖果进行扭结包装的糖果纸)和口香糖纸(包装口香糖的糖果纸)等。

3.9

食品托盘纸　tray paper for food

用于加工食品纸托盘用纸。

3.10

烤盘纸(烤箱纸)　oven paper

能在烤箱中使用的耐高温耐油的食品级纸张。

3.11

防油纸　greaseproof paper

具有高抗油脂浸透能力的纸,纸料制备过程中经强烈的机械处理制成。

3.12

育果袋纸　fruit cultivating bag paper

制作水果生长套袋用的纸,具有抗水性和良好的透气性。

3.13

固体食品包装纸板　paperboard for solid food packaging

用于包装固体食品的纸板。

3.14

液体包装用纸板　liquid packaging base card board

制作液体包装用的纸板,以纸板与聚合物和(或)铝箔等经挤压复合制成液体包装材料。

3.15

支撑过滤纸板　coarse filtration board

与板框过滤机配套给硅藻土等过滤介质起支撑作用,用来过滤啤酒、饮料的粗滤、食用产品及化工产品等的过滤纸板。

3.16

精细过滤纸板　fine filtration board

与板框过滤机配套,用于啤酒、饮料的精滤,营养酒、保健酒精滤,医药工业营养基精滤、食用产品及化工产品等的过滤纸板。

3.17

纸杯原纸　carton base paper

表面可经单面或双面淋膜涂层或涂蜡处理后加工成纸杯的原纸。

3.18

餐盒原纸或纸板　foodbox base paper or paper board

用于制作餐盒的纸或纸板。

3.19

冷冻食品内包装原纸或纸板　base paper or paper board for the protection of frozen and deep-frozen food

在常温和低温下具有高机械强度，适用于进一步加工成具有必要特性（如防油性、水蒸气不能穿透的密封性）可作为内包装材料的纸或纸板。

3.20

冷冻食品外包装原纸或纸板　base paper or paper board for the packaging of frozen and deep-frozen food

在低温和高湿度下具有高的机械强度，适用于加工成贮藏已经包装好的冷冻或深度冷冻食品的包装材料的纸或纸板。

4　食品包装用纸制品术语

4.1

纸袋　paper bag

以纸质或纸的复合材料经粘合或缝合方式加工成型的直接接触食品的袋型食品包装容器。

注：根据材料不同分为纸质袋、淋膜纸袋和涂蜡纸袋。

4.2

纸质袋　paper based bag

以纸质材料加工成型的食品包装纸袋。

4.3

淋膜纸袋　coated paper bag

以淋膜纸为主要材料加工成型的食品包装纸袋。

4.4

涂蜡纸袋　waxed paper bag

以非涂塑纸为主要材料，经上蜡加工成型的食品包装纸袋。

4.5

纸罐　paper can

以纸板为主要材料加工成型的圆筒形或其他形状的容器并配有纸质或其他材料制成的底和盖的食品包装容器。分为纸板类罐、圆柱形复合罐和其他复合罐。

4.6

纸杯　paper cup

纸杯原纸经模压咬合而加工成型的杯型纸制容器。

4.7

淋膜纸杯　coated paper cup

以单面或双面涂塑纸板为主要材料，以热封或超声波封边而加工成型的纸杯。

4.8

涂蜡纸杯　waxed paper cup

以非涂塑纸板为主要材料，经水乳性速干胶粘结剂封边和上蜡后加工成型的纸杯。

4.9

纸餐具　paper-made dishware

以纸板、淋膜纸板、纸浆为主要材料制作的，仅供一次餐饮使用的盒、碗、杯等餐具，有纸板餐具、淋膜纸餐具和纸浆模塑餐具三大类型。

4.10

纸板餐具　paperboard dishware

以纸板为主要材料制作的纸餐具。

4.11

淋膜纸餐具　coated paper dishware

以单面或双面涂塑纸板为主要材料制作的纸餐具。

4.12

纸浆模塑餐具　pulp molding dishware

植物原料经过制浆后根据不同用途，在不同形状的网状模具里脱水烘干定型后生产的纸餐具。

4.13

纸盒　carton

由纸板裁切、经过模切、压痕后折叠成形，粘接成型的盒状食品包装容器。

4.14

纸板纸盒　cardboard carton

以纸板为主要材料加工成型的食品包装纸盒。

4.15

淋膜纸盒　coated paper carton

以淋膜纸板为主要材料加工成型的食品包装纸盒。

4.16

面粉纸袋　paper sacks for flour

使用纸袋纸或伸性纸袋纸制造的用于装载面粉的纸袋，纸袋可内衬聚乙烯薄膜袋。

4.17

纸盘　paper plate

以纸质或纸的复合材料制造成型的直接接触食品的盘状纸制品。

4.18

纸桶　paper drum

以纸质或纸的复合材料制造成型的容量较大的桶型状纸制品。

4.19

纸碗　paper bowl

以纸质或纸的复合材料制造成型的直接接触食品的碗状纸制品。

4.20

纸碟　paper dish

以纸质或纸的复合材料制造成型的直接接触食品的碟状纸制品。

5　检验术语

5.1

滤水时间　filtering water time

在纸两面的压差为 1 kPa 条件下，透过直径为 35.7 mm（面积 10 cm^2）的纸样流出 100 mL 水所需的时间。

5.2

透油度　oil permeance

在一定时间、温度和压力下，标准变压器油从单位平方米面积试样渗透出的质量。

5.3

蒸发残渣　evaporation residue

食品包装用纸、纸板及纸制品在使用过程中接触水、醋、酒、油等液体时，可能析出固体化学物质的量。

5.4

高锰酸钾消耗量　consumption of potassium permanganate

食品包装用纸、纸板及纸制品迁移到浸泡液中并能被高锰酸钾氧化的全部物质的总量。

5.5

重金属迁移量　heavy metal migration limit

食品包装用纸、纸板及纸制品在一定使用条件下可能会迁移到食物中的重金属的量，重金属一般指铅、铬、镉、汞等元素。

5.6

荧光性物质　fluorescent substances

一种可吸收紫外线反射荧光提高纸和纸板亮度的化学品。

5.7

脱色试验　decolorization test

食品包装用纸、纸板及纸制品在一定液体介质浸泡或擦拭后产品的脱色情况。

5.8

微生物指标　microbial indicator

评价食品包装用纸、纸板及纸制品被微生物污染程度的指标，包括菌落总数、大肠菌群、致病菌（包括沙门氏菌、志贺氏菌、金黄色葡萄球菌、溶血性链球菌等）、酵母菌和霉菌等。

5.9

致病菌　athogenic bacterium

能引起人类疾病的细菌。常见的致病菌有沙门氏菌、志贺氏菌、病原性大肠埃希氏菌、副溶血性弧菌、肉毒杆菌等。

5.10

大肠菌群　coliforms

一群在 36 ℃条件下培养 48 h 能发酵乳糖、产酸产气的需氧和兼性厌氧革兰氏阴性无芽孢杆菌。

5.11

菌落总数　aerobic plate count

检样经过处理，在一定条件下培养后（如培养基成分、培养温度和时间、pH、需氧性质等），所得 1 mL（或 1 g）检样中形成菌落的总数。

5.12

霉菌　molds

形成分枝菌丝的真菌的统称，常作为纸制品卫生学评价的依据。

5.13

杯身挺度　body stiffness of paper cup

衡量纸杯杯身耐弯曲强度的指标。在杯身一定位置相对的两侧壁沿直径方向以一定相对速度均匀施力，以纸杯侧壁总变形量达到一定时所受的最大力来表示。

5.14

迁移　migration

食品包装用纸、纸板及纸制品中的化学成分向食品的转移。

5.15

残留　residual

在食品包装用纸、纸板及纸制品中存在的、未起到预期作用的剩余添加剂、溶剂或未合成的单体。

中 文 索 引

英 文 索 引

G

H

L

M

O

P

R

S

T

W

二、产品标准

ICS 55.040
A 82

中华人民共和国国家标准

GB/T 17030—2008
代替 GB/T 17030—1997

食品包装用聚偏二氯乙烯(PVDC)片状肠衣膜

Polyvinylidene chloride (PVDC) flat-film for food-packaging

2008-06-25 发布　　　　2008-12-01 实施

中华人民共和国国家质量监督检验检疫总局
中国国家标准化管理委员会　发布

前　言

本标准代替 GB/T 17030—1997《食品包装用聚偏二氯乙烯(PVDC)片状肠衣膜》。

本标准与 GB/T 17030—1997 相比,主要变化如下:

——取消产品等级;

——技术要求中增加溶剂残留量;

——删除动摩擦系数(膜/膜)项目;

——对卫生指标的试验条件进行调整;

——水蒸气透过量的试验条件由条件 B 改为条件 A;

——氧气透过量试验方法由压差法改为库仑计检测法;

——增加产品保质期。

本标准由中国包装联合会提出。

本标准由全国包装标准化技术委员会归口。

本标准主要起草单位:河南省漯河市双汇实业集团有限责任公司、汕头市金丛包装材料有限公司、国家包装产品质量监督检验中心(济南)、中国包装联合会。

本标准主要起草人:张传国、陈明泉、王兴东、张如霞。

本标准所代替标准的历次版本发布情况为:

——GB/T 17030—1997。

食品包装用聚偏二氯乙烯(PVDC)片状肠衣膜

1 范围

本标准规定了食品包装用聚偏二氯乙烯(PVDC)片状肠衣膜的技术要求、试验方法、检验规则、标志、包装、运输和贮存。

本标准适用于聚偏二氯乙烯树脂采用吹塑法制成并分切的食品包装用聚偏二氯乙烯(PVDC)肠衣膜(以下简称肠衣膜),用于灌装肠类食品。

2 规范性引用文件

下列文件中的条款通过本标准的引用而成为本标准的条款。凡是注日期的引用文件,其随后所有的修改单(不包括勘误的内容)或修订版均不适用于本标准,然而,鼓励根据本标准达成协议的各方研究是否可使用这些文件的最新版本。凡是不注日期的引用文件,其最新版本适用于本标准。

GB/T 1037 塑料薄膜和片材透水蒸气性试验方法 杯式法(GB/T 1037—1987,neq ASTM E 96:1980)

GB/T 1040.3 塑料 拉伸性能的测定 第3部分:薄膜和薄片的试验条件(GB/T 1040.3—2006,ISO 527-3:1995,IDT)

GB/T 2828.1 计数抽样检验程序 第1部分:按接收质量限(AQL)检索的逐批检验抽样计划(GB/T 2828.1—2003,ISO 2859-1:1999,IDT)

GB/T 2918 塑料试样状态调节和试验的标准环境(GB/T 2918—1998,idt ISO 291:1977)

GB/T 5009.60 食品包装用聚乙烯、聚苯乙烯、聚丙烯成型品卫生标准的分析方法

GB/T 5009.122 食品容器、包装材料用聚氯乙烯树脂及成型品中残留1,1-二氯乙烷的测定

GB/T 6672 塑料薄膜和薄片厚度测定 机械测量法(GB/T 6672—2001,idt ISO 4593:1993)

GB/T 6673 塑料薄膜与片材长度和宽度的测定(GB/T 6673—2001,idt ISO 4592:1992)

GB 9685 食品容器、包装材料用助剂使用卫生标准

GB/T 11999 塑料薄膜和薄片耐撕裂性试验方法 埃莱门多夫法(GB/T 11999—1989,idt ISO 6383-2:1983)

GB/T 12027 塑料 薄膜和薄片 加热尺寸变化率试验方法(GB/T 12027—2004,ISO 11501:1995,IDT)

GB 15204 食品容器、包装材料用聚偏氯乙烯-氯乙烯共聚树脂卫生标准

GB/T 19789 包装材料 塑料薄膜和薄片氧气透过性试验 库仑计检测法(GB/T 19789—2005,ASTM D 3985:1995,MOD)

3 分类

肠衣膜分为印刷肠衣膜与非印刷肠衣膜,印刷肠衣膜分为里印复合肠衣膜与表印肠衣膜。

4 要求

4.1 外观

4.1.1 着色肠衣膜中颜料分散应均匀,不应有影响使用的色差、色斑、水纹和波浪状色纹。

4.1.2　肠衣膜无污染、碰伤、划伤、穿孔、叠边、折皱、僵块、气泡等。

4.1.3　肠衣膜不允许存在直径1 mm以上的杂质及碳化点，直径不大于1 mm的杂质及碳化点的数量应不大于20个/m^2。

4.1.4　接头处双面用与薄膜颜色有区别的胶带连接，接头平整，上、下胶带重叠。

4.1.5　肠衣膜卷表面应平整，允许有轻微的活褶，不应有明显的暴筋、翘边，端面应平整。膜卷张力适当，无脱卷现象。膜卷中心线和纸芯中心线之间的偏差不大于4 mm。

4.1.6　每卷断头数量不应超过2个，每段长度不应小于80 m。

4.2　印刷质量

4.2.1　印刷肠衣膜应整洁，无明显的赃污、残缺、刀丝；文字印刷清晰完整，5号字以下不误字意；印刷边缘光洁；网纹清晰均匀，无明显变形和残缺。

4.2.2　印刷肠衣膜的套印误差应符合表1规定。

表1　套印误差　　单位为毫米

套印部位	极限偏差	
	实地印刷	网纹印刷
主要部位[a]	≤0.8	≤0.6
次要部位	≤1.0	≤0.8

a　主要部位指画面上反映主题的部分，如图案、文字、标志等。

4.3　规格尺寸

4.3.1　肠衣膜的公称厚度为0.040 mm，特殊规格的厚度由供需双方商定。厚度偏差为±0.003 mm。

4.3.2　肠衣膜的宽度和长度由供需双方商定，宽度偏差见表2，膜卷长度不允许有负偏差。

表2　宽度偏差　　单位为毫米

宽度	≤100	>100
允许偏差	±1.0	±2.0

4.4　物理机械性能

肠衣膜的物理机械性能应符合表3要求。

表3　物理机械性能

项　　目		要　　求
拉伸强度/MPa	纵向	≥60
	横向	≥80
断裂伸长率/%	纵向	≥50
	横向	≥40
耐撕裂力/N	纵向	≥0.20
	横向	≥0.20
热收缩率/%	纵向	−15～−30
	横向	−15～−30
水蒸气透过量/[g/(m^2·24 h)]		≤5.0
氧气透过量/[cm^3/(m^2·24 h·0.1 MPa)]	里印复合肠衣膜	≤50.0
	表印肠衣膜	≤25.0
	非印刷肠衣膜	≤25.0

4.5 卫生指标

4.5.1 生产肠衣膜所用的助剂应符合 GB 9685 的规定。

4.5.2 肠衣膜的偏氯乙烯、氯乙烯含量应符合 GB 15204 规定。

4.5.3 肠衣膜的其他卫生指标应符合表 4 要求。

表 4 卫生指标

项目		要求
蒸发残渣/(mg/L)	蒸馏水(95 ℃,30 min)	≤30
	4%乙酸(95 ℃,30 min)	≤30
	20%乙醇(20 ℃,2 h)	≤30
	正己烷(20 ℃,2 h)	≤30
高锰酸钾消耗量(蒸馏水,95 ℃,30 min)/(mg/L)		≤10
重金属(以 Pb 计)(4%乙酸,95 ℃,30 min)/(mg/L)		≤1
脱色试验	浸泡液	阴性
注 1：本色肠衣膜不做脱色试验。 注 2：印刷肠衣膜的卫生指标仅做与食品接触层的卫生指标。		

4.6 溶剂残留量

印刷肠衣膜的溶剂残留量应符合表 5 要求。

表 5 溶剂残留量

单位为毫克每平方米

项目	要求
溶剂残留量	≤12.0
苯类残留量	≤1.0

5 试验方法

5.1 取样

从肠衣膜的膜卷上去掉表面 4 层,取 20 层作为检验试样,试样宽度应不小于 150 mm。

5.2 试样状态调节和试验标准环境

试样的状态调节和试验环境按 GB/T 2918 规定的标准环境和正常偏差范围进行,状态调节时间不小于 4 h,并在此环境下进行试验。

5.3 外观

5.3.1 在自然光线下目测肠衣膜外观质量。用最小分度值为 0.5 mm 的钢直尺测量膜卷中心线和纸芯中心线之间的偏差。用 10 倍刻度的放大镜,测量肠衣膜中杂质及碳化点的直径。在 40 W 的日光灯下,目测检验印刷质量。

5.3.2 在 40 W 的日光灯下,用精度为 0.01 mm 的 20 倍刻度显微镜,测量试样主要部位和次要部位任二色间的套印误差,各测三点。分别取其平均值,作为主要部位和次要部位的套印误差。

5.4 规格

5.4.1 厚度按 GB/T 6672 规定进行,用最大、最小厚度测试值计算厚度偏差。

5.4.2 长度和宽度按 GB/T 6673 规定进行。

5.5 物理机械性能

5.5.1 拉伸强度和断裂伸长率

按 GB/T 1040.3 的规定进行。采用 2 型试样,试样宽度为 15 mm±0.1 mm,长度大于等于 150 mm,试样的夹具间距为 100 mm±1 mm,试验速度(空载)250 mm/min±25 mm/min。结果取平均值，保留整数。

5.5.2 耐撕裂力

按 GB/T 11999 规定进行。

5.5.3 热收缩率

按 GB/T 12027 规定进行。加热介质为空气，试验温度 120 ℃±2 ℃，试验时间 30 min。

5.5.4 水蒸气透过量

按 GB/T 1037 规定进行，采用条件 A，温度为 38 ℃±0.6 ℃，相对湿度为 90%±2%。

5.5.5 氧气透过量

按 GB/T 19789 规定进行，温度 23 ℃±2 ℃。

5.6 卫生指标

5.6.1 偏氯乙烯单体和氯乙烯单体残留量的测定按 GB/T 5009.122 规定进行。

5.6.2 蒸发残渣、高锰酸钾消耗量、重金属的测定按照 GB/T 5009.60 规定进行。

5.6.3 脱色试验按照 GB/T 5009.60 规定进行。20%乙醇的浸泡条件为 20 ℃，2 h；正己烷的浸泡条件为 20 ℃，2 h；4%乙酸的浸泡条件为 95 ℃，30 min；蒸馏水的浸泡条件为 95 ℃，30 min。试验后 4 种浸泡液不得染有颜色。

5.7 溶剂残留量

5.7.1 检验原理

以气-固平衡为基础，将一定面积的试样置于密封容器内，在一定温度下，试样中残留的有机溶剂受热挥发，经过一定的时间后，定量取出密封容器内顶部气体注入色谱仪中分析，以保留时间定性，峰面积(或峰高)定量。结果以毫克每平方米表示。

5.7.2 仪器

带氢火焰离子检测器的气相色谱仪，顶空自动进样器或烘箱。

5.7.3 色谱条件

5.7.3.1 色谱柱为 100%的二甲基聚硅氧烷毛细柱或 5%苯基-95%甲基聚硅氧烷色谱柱。或者能够分离甲醇、乙醇、异丙醇、丁酮、乙酸乙酯、甲苯、乙酸丁酯、二甲苯等的色谱柱。

5.7.3.2 载气为氮气，纯度为 99.999%

5.7.3.3 柱温为 50 ℃～150 ℃，根据情况选用恒温或程序升温。检测器温度为 150 ℃～300 ℃，进样口温度为 90 ℃～150 ℃。烘箱或自动进样器加热条件(80 ℃～100 ℃)±2 ℃，平衡 30 min。

5.7.4 试剂

试剂为分析纯或色谱纯。

5.7.5 试验样品制备

按试样表面积与玻璃容器体积之比为 3 cm^2/mL～5 cm^2/mL 的比例取样，将样品裁成 10 mm×30 mm 的碎片，置于适宜体积的玻璃容器内，密闭。

5.7.6 标准样品制备

精确取适量待测有机溶剂，用合适的溶剂溶解，并稀释至适宜的浓度。根据样品中待测溶剂的实际残留量确定标准样品用量，若样品中溶剂含量不在标准曲线范围内，应重新调整该溶剂标准曲线的范围。

5.7.7 测定方法

采用标准曲线法。取至少五个不同含量的有机溶剂标准样品，放入与试验样品体积相同的玻璃容器内，密封，置于烘箱或自动进样器中进行平衡(如平衡温度 100 ℃，平衡时间 30 min)，用预热至相同温度的注射器(一般取样量 1 mL 或根据仪器的灵敏度合理取样)或自动取样器取样，利用气相色谱仪得出峰面积(或峰高)，绘制峰面积(或峰高)与对应有机溶剂质量的标准曲线，要求线性相关系数大于 0.99%。

5.7.8 试验步骤

将装有试验样品的密封玻璃容器置于烘箱或自动进样器中，与标准样品平衡相同的温度和时间，用预热至相同温度的注射器或自动取样器取样，取样量与标准样品相同，根据试样中溶剂的峰面积(或峰高)，从标准曲线上求出样品中该溶剂的质量，按式(1)计算：

$$X = \frac{m}{W} \qquad \cdots\cdots(1)$$

式中：

X——样品中溶剂的残留量，单位为毫克每平方米(mg/m^2)；

m——待测溶剂的质量，单位为毫克(mg)；

W——样品的表面积，单位为平方米(m^2)。

6 检验规则

6.1 组批

肠衣膜的验收以批为单位，用同一企业生产的同一牌号、同一批次的树脂，在同一工艺条件生产的肠衣膜为一批。

6.2 抽样

6.2.1 肠衣膜的规格、外观的试样按照 GB/T 2828.1 中正常检验二次抽样方案，检验水平为Ⅱ、接收质量限(AQL)为 6.5，按照表 6 规定进行抽样检验。

表 6 规格及外观检验抽样及判定方案

单位为卷

批量 N	样本	样本量 n	累计样本量	接收数 Ac	拒收数 Re
≤25	第一	3	3	0	2
	第二	3	6	1	2
26～50	第一	5	5	0	2
	第二	5	10	1	2
51～90	第一	8	8	0	3
	第二	8	16	3	4
91～150	第一	13	13	1	3
	第二	13	26	4	5
151～280	第一	20	20	2	5
	第二	20	40	6	7
281～500	第一	32	32	3	6
	第二	32	64	9	10
501～1 200	第一	50	50	5	9
	第二	50	100	12	13
1 201～3 200	第一	80	80	7	11
	第二	80	160	18	19
3 201～10 000	第一	125	125	11	16
	第二	125	250	26	27

6.2.2 物理机械性能及卫生指标、溶剂残留量项目，从每批产品中任取一卷薄膜进行检验。

6.3 检验方案

6.3.1 出厂检验

肠衣膜出厂检验项目为 4.1、4.2、4.3。

6.3.2 型式检验

型式检验为第4章要求中的全部项目。有下列情况之一时,需进行型式检验;

a) 新产品或老产品转厂生产的试制定型鉴定;

b) 正常生产时,每年检验一次;

c) 配方、工艺有较大改变时;

d) 停产半年以上恢复生产时;

e) 出厂检验结果与上次型式检验有较大差异时;

f) 质量监督机构提出检验要求时。

6.4 判定规则

6.4.1 肠衣膜的外观及规格尺寸检验结果有一项不符合本标准规定,则判该卷产品不合格。合格批的判定按表6进行。

6.4.2 物理机械性能各项检测结果符合本标准规定,则判该批的物理机械性能合格;若有不合格项,经双倍取样复测仍不合格,则判该批产品不合格。

6.4.3 卫生指标、溶剂残留量检测结果若有不合格项,则判该批产品不合格。

7 标志、包装、运输及贮存

7.1 标志

产品应附合格证,在产品合格证或说明书上注明产品名称、类别、规格(长度、宽度、厚度)、保质期、生产厂家、厂址、生产日期、检验员章、批号、执行标准,并注明产品颜色。

7.2 包装

肠衣膜用瓦楞纸箱作外包装,内衬塑料袋。每卷肠衣膜按芯管竖立方向装入纸箱,将内衬袋口扎紧。纸箱用胶带封口。特殊包装,由供需双方商定。

7.3 运输

产品在运输过程中应轻拿轻放,防止机械碰撞和日晒雨淋,不应与有毒、有害物质共运。

7.4 贮存

产品应竖立贮存在整洁、阴凉、干燥、无阳光直射的库房内,库房温度10 ℃~30 ℃,不应使纸箱损伤,不应与有毒、有害物质共同贮存。产品自生产之日起,保质期为18个月,超过保质期的产品经检验合格后可以使用。

ICS 55.040
A 82

中华人民共和国国家标准

GB 19741—2005

液体食品包装用塑料复合膜、袋

Plastics laminated films and bags using for packaging of liquid food

2005-05-16 发布　　　　2005-12-01 实施

中华人民共和国国家质量监督检验检疫总局
中国国家标准化管理委员会　发布

前　言

本标准为条款强制性标准。

强制性条款为:5.4 表 3 中透氧率指标和 5.5 卫生指标。

依据本标准制成的液体食品包装膜、袋,其表面印刷用油墨以及一切与食品直接或间接接触的材料的质量,必须符合国家卫生部门发布的相关法律法规和相关国家标准中的规定。

本标准中未作详细规定的“致病菌”的检验内容和检验方法按国家卫生部门发布的相关法律法规执行。

本标准的附录 A 和附录 B 为规范性附录。

本标准由国家标准化管理委员会提出。

本标准由全国塑料制品标准化技术委员会归口。

本标准起草单位:中国标准化协会、中国包装产品质量认证中心、中国包装技术协会无菌包装委员会、利乐(中国)有限公司、山东泉林纸业有限公司、四川威之国际新材料有限公司。

本标准主要起草人:李世元、李书良、许耀明、蓝钦棠、刘保忠、王利、王威之。

引　言

目前，液体食品已经得到世界广大消费者的青睐，液体食品包装用材料的质量已成为保护广大消费者身体健康的重要因素之一。

为满足液体食品商品的市场准入要求，保障消费者的安全和健康；给相关企业、检验、监督和认证部门提供科学、可靠的质量技术依据；为促进我国国民经济的不断发展服务，特制定本标准。

液体食品包装用塑料复合膜、袋

1 范围

本标准规定了液体食品包装用塑料复合膜、袋的分类、要求、试验方法、检验规则、标志、包装、运输和贮存。

本标准适用于厚度小于0.2 mm的由塑料与塑料、塑料与纸和铝箔(或其他阻透材料)复合而成的包装材料,也适用于用上述材料制成的包装袋。

2 规范性引用文件

下列文件中的条款通过本标准的引用而成为本标准的条款。凡是注日期的引用文件,其随后所有的修改单(不包括勘误的内容)或修订版均不适用于本标准,然而,鼓励根据本标准达成协议的各方研究是否可使用这些文件的最新版本。凡是不注日期的引用文件,其最新版本适用于本标准。

GB/T 191 包装储运图示标志

GB/T 1038—2000 塑料薄膜和薄片气体透过性试验方法 压差法

GB/T 2828.1 计数抽样检验程序 第1部分:按接受质量限(AQL)检索的逐批检验抽样计划

GB/T 4789.2 食品卫生微生物学检验 菌落总数测定

GB/T 5009.60 食品包装用聚乙烯、聚苯乙烯、聚丙烯成型品卫生标准的分析方法

GB/T 6673 塑料薄膜和薄片长度和宽度的测定

GB/T 8808—1988 软质复合塑料材料剥离试验方法

GB 9683 复合食品包装袋卫生标准

GB 9687 食品包装用聚乙烯成型品卫生标准

GB/T 13022—1991 塑料薄膜拉伸性能试验方法

3 术语和定义

下列术语和定义适用于本标准。

3.1

液体食品 liquid food

可以在管道中流动的食品,例如:液体、带颗粒液体、酱体等。

3.2

无菌包装 aseptic packaging

将经过灭菌的食品(饮料、奶制品等),在无菌环境中包装,封闭在经过灭菌的容器中,使其在不加防腐剂和常温条件下能够进行运输和贮存。

3.3

搭接 lap sealing

材料外表面与和食品接触的材料内表面相互封合连接。

3.4

对接 face to face touch sealing

与食品接触的材料内表面之间相互封合连接。

4 分类

4.1 按用途和材料结构

分为：普通包装用塑料复合膜，简称为 SS 膜；无菌包装用塑料复合膜，简称为 WSS 膜；无菌包装用塑料与纸和铝箔（或其他阻透材料）复合膜，简称为 WSLZ 膜，共三种。

4.2 按产品形式

分为：卷筒和包装袋两种形式。

5 要求

5.1 外观质量

5.1.1 无污染、无尘埃。

5.1.2 印刷图案清晰完整，无明显变形和色差，无残缺和错印。

5.1.3 复合膜表面平整、无皱褶、无孔洞、无裂纹、无气泡、无分层和无缺损。

5.1.4 复合包装袋封合处基本平直、无气泡。

5.1.5 卷筒管芯内表面应平整、光滑；成品卷的松紧程度均匀，端面整齐、无毛边。

5.2 尺寸偏差

5.2.1 尺寸偏差见表 1。

表 1 尺寸偏差

项　　目	尺寸偏差/mm
成品卷复合膜宽度偏差	±2
卷筒内径偏差	$^{+2}_{0}$
成品卷端面不平整度偏差	≤3
包装袋长度偏差	±2
包装袋宽度偏差	±2

5.2.2 印刷图案的尺寸偏差见表 2。

表 2 印刷图案尺寸偏差

项　　目	偏差/mm	产品形式
套印精度	±0.8	卷筒，包装袋
分切位置	±1.0	卷筒
印刷图案间距	±1.0	卷筒

5.3 接头数量、要求和标记

卷筒材料的每卷总长度小于等于 600 m 时，接头数量小于等于 3 个；每卷总长度大于 600 m 时，接头数量小于等于 5 个；相邻两接头之间的距离大于 25 m，接头与两端的距离大于 25 m；接头处的印刷图案应对正和连接牢固，在使用过程中不应断开，接头处应标有明显标记。

5.4 机械性能和物理性能

塑料复合膜的机械性能和物理性能见表 3。

表 3 塑料复合膜机械性能和物理性能

项　目	SS 膜	WSS 膜	WSLZ 膜
拉断力/(N/15 mm)	纵向≥30 横向≥30	纵向≥30 横向≥30	纵向≥50 横向≥35

表 3（续）

项　目	SS 膜	WSS 膜	WSLZ 膜
封合强度/(N/15 mm)	≥30	≥30	搭接≥40 对接≥20
内层塑料膜剥离强度/(N/15 mm)	≥3	≥3	≥0.9
复合塑料膜与纸粘结度/(%)	—	—	≥50
透氧率/[cm^3/(m^2·24 h·0.1 MPa)]	≤2 000	≤20	使用铝箔作阻透材料时≤2 使用其他阻透材料时≤20

5.5 卫生指标

5.5.1 SS 膜和 WSS 膜的卫生指标应符合 GB 9683 中规定。

5.5.2 WSLZ 膜的卫生指标应符合 GB 9687 中规定。

5.5.3 表 4 给出了塑料复合膜与食品接触表面的微生物指标。

表 4 塑料复合膜与食品接触表面微生物指标

项　目	SS 膜	WSS 膜	WSLZ 膜
微生物总数/(个/cm^2)	≤1	≤5	≤5
致病菌	不应检出	不应检出	不应检出

5.6 耐压性能

5.6.1 以卷筒形式和包装袋形式供应产品的试验用封合包装袋数量，应由供货方按规定提供，内容物为水，其尺寸由用户方规定。

5.6.2 表 5 给出了包装袋的耐压性能。

表 5 包装袋耐压性能

包装袋与内容物总质量/g	SS 膜	WSS 膜	WSLZ 膜	要　求
	负荷/N			
≤250	≥200	≥200	≥200	无破裂、无渗漏
>250≤500	≥300	≥300	≥300	无破裂、无渗漏
>500≤1 000	≥400	≥400	≥400	无破裂、无渗漏
>1 000	≥400	≥400	≥400	无破裂、无渗漏

5.7 跌落性能

5.7.1 以卷筒形式和包装袋形式供应产品的试验用封合包装袋数量，应由供货方按规定提供，内容物为水，其尺寸由用户方规定。

5.7.2 表 6 给出了包装袋的跌落性能。

表 6 包装袋跌落性能

包装袋与内容物总质量/g	SS 膜	WSS 膜	WSLZ 膜	要　求
	跌落高度/mm			
≤250	1 000	1 000	1 000	无破裂、无渗漏
>250≤500	800	800	800	无破裂、无渗漏
>500≤1 000	600	600	600	无破裂、无渗漏
>1 000	500	500	500	无破裂、无渗漏

6 试验方法

6.1 外观质量

按5.1在自然光下用目测方法进行。

6.2 供应材料尺寸偏差

6.2.1 卷筒内径偏差、复合膜卷筒端面不平整度偏差

用分辨率为0.1 mm的游标卡尺进行。

6.2.2 复合膜卷筒宽度偏差、包装袋长度偏差、包装袋宽度偏差

按GB/T 6673进行。

6.3 印刷图案尺寸偏差

6.3.1 套印精度

用10倍刻度放大镜进行。

6.3.2 分切位置、印刷图案间距

用分辨率为0.02 mm的游标卡尺进行。

6.4 拉断力、拉伸强度

按GB/T 13022—1991试样为Ⅲ型、试验速度为100 mm/min±10 mm/min进行。

6.5 封合强度

试验用封合包装袋数量，应由供货方按规定提供，按附录A进行。

6.6 内层塑料膜剥离强度

按GB/T 8808—1988进行。

6.7 复合塑料膜与纸粘结度

按附录B进行。

6.8 透氧率

按GB/T 1038—2000进行。

6.9 塑料复合膜的卫生指标

按GB/T 5009.60进行。

6.10 塑料复合膜与食品接触表面微生物指标

按GB/T 4789.2及卫生检疫部门规定进行。

6.11 耐压性能

6.11.1 图1所示为耐压性能试验装置。

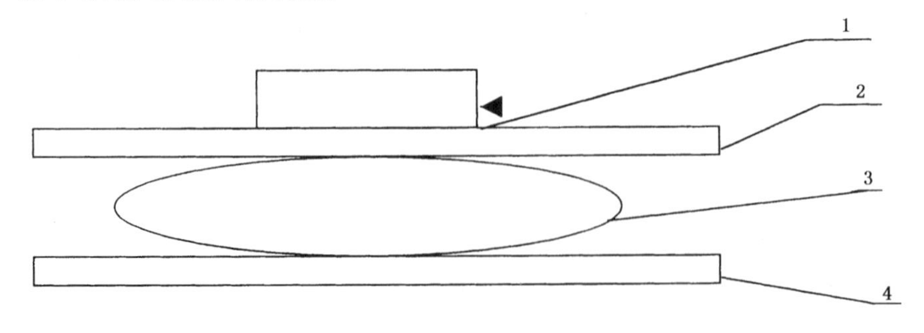

1——砝码；

2——上加压盘；

3——试验用封合包装袋；

4——下加压盘。

图1 耐压性能试验装置

6.11.2 试验用封合包装袋数量大于等于5个。

6.11.3 耐压时间大于等于1 min,试验用封合包装袋不应渗漏和破裂。

6.12 跌落性能

6.12.1 试验面应为坚硬、光滑的水平面(如:压光水泥地面或水磨石地面等),不应有尖锐物体。

6.12.2 试验用封合包装袋数量大于等于5个。

6.12.3 试验用封合包装袋不应渗漏和破裂。

7 检验规则

7.1 检验型式

7.1.1 分为:出厂检验、型式检验。

7.1.2 在下列之一情况下,应进行型式检验:

a) 首批生产;

b) 质量监督机构提出质量检查要求;

c) 供需双方发生质量纠纷;

d) 原材料、工艺或结构明显改变;

e) 停产6个月以上,重新生产时;

f) 连续每生产一年时。

7.2 出厂检验和型式检验的内容。

7.2.1 表7给出了出厂检验的项目。

表7 出厂检验项目

项　目	要　求	试　验　方　法
外观质量	5.1	6.1
供应材料尺寸偏差	表1给出	6.2
印刷图案尺寸偏差	表2给出	6.3
接头数量、要求和标记	5.3	目测法、接头处应标有明显标记
拉断力	表3给出	6.4

7.2.2 表8给出了型式检验项目

表8 型式检验项目

项　目	要　求	试　验　方　法
外观质量	5.1	6.1
供应材料尺寸偏差	表1给出	6.2
印刷图案尺寸偏差	表2给出	6.3
接头数量、要求和标记	5.3	目测法、接头处应标有明显标记
拉断力或拉伸强度	表3给出	6.4
封合强度	表3给出	6.5
内层塑料膜剥离强度	表3给出	6.6
复合塑料膜与纸粘结度	表3给出	6.7
透氧率	表3给出	6.8
塑料复合膜的卫生指标	5.5.1、5.5.2	6.9
塑料复合膜与食品接触表面微生物指标	表4给出	6.10
耐压性能	表5给出	6.11
跌落性能	表6给出	6.12

7.3 检验的组批

同一品种、同一规格为一批。以包装袋形式交货的，每批数量不超过 1 000 000 个。以卷筒形式交货的，每批数量不超过 50 000 m。

7.4 抽样和质量判定

7.4.1 产品的外观质量，尺寸偏差，接头数量、要求和标记检验按 GB/T 2828.1 中一般检查，IL＝2，二次抽样方案，AQL＝0.65 进行抽样和质量判断。

7.4.2 以卷筒形式交货的产品折合成袋总数抽取试样。

7.4.3 产品的卫生指标检查，每项检查内容从样本中抽取一组试样进行检查，如有 1 项以上指标（含 1 项指标）不合格时，该批产品即被判定为不合格。

7.4.4 产品的机械性能、物理性能、耐压性能和跌落性能检查，每项检查内容从样本中抽取一组试样进行检查，如有 1 项以上指标（含 1 项指标）不合格时，需要加倍截取试样进行复验。

7.4.5 复验后，如所有项目指标都合格时，则判定该批产品为合格，如仍有 1 项以上指标（含 1 项指标）不合格时，则判定该批产品为不合格。

8 标志、包装、运输和贮存

8.1 标志

8.1.1 每批交付货物的外包装表面明显处，应有中、英文标志，内容为：

a) 订货号；

b) 收货地点和收货单位；

c) 产品名称；

d) 产品规格、数量；

e) 产品体积、重量；

f) 生产日期；

g) 发货生产厂商等。

如发货单位和收货单位都是国内单位，可以不用英文标注。

8.1.2 防雨、防晒、防潮、防污染、防碰撞标志按 GB/T 191 执行。

8.2 包装

8.2.1 以复合膜卷筒形式供应材料的包装

8.2.1.1 每卷筒均用收缩膜进行一次包装。

8.2.1.2 按 8.2.1.1 包装后，可用纸箱或托盘进行二次包装，每批包装内应附有该批《合格证明书》或标有“合格”字样的标签。

8.2.2 以包装袋形式供应材料的包装

8.2.2.1 按用户规定的数量，用纸箱进行一次包装。

8.2.2.2 按 8.2.2.1 进行一次包装后，可用收缩膜进行二次包装。每批包装内应附有该批《合格证明书》或标有“合格”字样的标签。

8.3 运输

8.3.1 运输中应注意防雨、防晒、防潮、防污染、防碰伤。

8.3.2 搬运中严禁碰撞，不允许从高处扔下或就地翻滚。

8.4 贮存

8.4.1 应保持清洁、阴凉、干燥，应远离热源和污染源，严禁与有害和有毒物品同一仓库混合放置。

8.4.2 从生产之日起，贮存期限不能超过一年。

附 录 A
（规范性附录）
封合强度的试验方法

A.1 要求

测量符合宽度要求的封合试样在断裂时的最大载荷。

A.2 测量仪器、测量器具

A.2.1 试验机：读数误差应为±1%。
A.2.2 游标卡尺：分辨率为0.02 mm。
A.2.3 直尺：分辨率为1 mm。

A.3 试样

A.3.1 取样

A.3.1.1 WSLZ膜

沿垂直横封合方向截取试样，作对接封合强度试验；沿垂直纵封合方向截取试样，作搭接封合强度试验，并允许将符合使用条件的保护封条同时封上。

A.3.1.2 SS膜、WSS膜

先封合成包装袋形式，然后沿与封合垂直方向截取试样作封合强度试验。

A.3.1.3 封合形式

可由生产厂商规定。

A.3.2 尺寸

应是长度为100 mm±1 mm、宽度为15 mm±0.1 mm的长方形；如不能取到展开长度为100 mm±1 mm的试样时，允许用粘接带从两端粘接同样材料，达到试样规定尺寸。

A.3.3 数量

每次截取试样数量大于10个，试验结果为10个试样数据的平均值，取三位有效数字，单位为N/15 mm。

A.4 试验步骤

A.4.1 试样应在温度23℃±2℃条件下作4 h状态调节。
A.4.2 将经过状态调节的试样，以封合部位为中心线，展开呈180°，把试样的两端分别夹在试验机的夹具上，应使试样纵轴与上下中心线相重合，并要松紧度适宜，以防止试样滑出脱落或断裂在夹具内。夹具间距离为50 mm，试验速度为300 mm/min±20 mm/min，读取试样断裂时最大载荷。
A.4.3 若试样断裂在夹具内，则此试样作废，重新截取试样补做试验。

附 录 B
（规范性附录）
复合塑料膜与纸粘结度的试验方法

B.1 范围

本附录仅适用于以卷筒形式，由塑料与纸和铝箔（或其他阻透材料）复合而成的材料。

B.2 试验步骤

B.2.1 从试样上截取长度为1 m、宽度为幅宽的二次试样，将其放置在平面上，内层PE面向上放置。

B.2.2 从二次试样的一角开始，用刀在纸与复合PE层之间剥离开，慢慢撕下一条，宽度为30 mm～50 mm，穿过整个幅宽。视觉检查暴露的复合层表面，判断塑料表面上粘有纸纤维的面积百分率。从对角反向重复此试验步骤。

B.2.3 继续用刀将试样整幅分成宽度为80 mm的条若干，手工慢慢将其从机器方向及反方向剥离开，视觉检查其暴露的复合层表面，判断塑料表面上粘有纸纤维的面积百分率，以较差的结果为准。

ICS 55.040
A 82

中华人民共和国国家标准

GB/T 24334—2009

聚偏二氯乙烯(PVDC)自粘性食品包装膜

Polyvinylidene chloride (PVDC) cling wrap film for food-packaging

2009-09-30 发布　　　　2009-12-01 实施

中华人民共和国国家质量监督检验检疫总局
中国国家标准化管理委员会　发布

前　　言

本标准由中国标准化研究院提出并归口。

本标准起草单位:广东省汕头市金丛包装材料有限公司、浙江省巨化股份有限公司电化厂、国家包装产品质量监督检验中心(济南)、广东省汕头市质量计量监督检测所。

本标准主要起草人:陈明泉、陈繁荣、周强、王兴东、黄继彬、吴玉华、陈旭霞。

聚偏二氯乙烯(PVDC)自粘性食品包装膜

1 范围

本标准规定了聚偏二氯乙烯(PVDC)自粘性食品包装膜(以下简称"薄膜")的术语和定义、要求、试验方法、检验规则、标识、包装、运输和贮存等。

本标准适用于以偏二氯乙烯-氯乙烯共聚树脂为原料,经吹塑制成的具有自粘性的薄膜。该薄膜主要用于冷藏、冷冻食品的保鲜包装和微波炉加热食品的覆盖。

2 规范性引用文件

下列文件中的条款通过本标准的引用而成为本标准的条款。凡是注日期的引用文件,其随后所有的修改单(不包括勘误的内容)或修订版均不适用于本标准,然而,鼓励根据本标准达成协议的各方研究是否可使用这些文件的最新版本。凡是不注日期的引用文件,其最新版本适用于本标准。

GB/T 1037—1988 塑料薄膜和片材透水蒸气性试验方法 杯式法

GB/T 1038 塑料薄膜和薄片气体透过性试验方法 压差法

GB/T 1040.3 塑料 拉伸性能的测定 第3部份:薄膜和薄片的试验条件

GB/T 2410 透明塑料透光率和雾度的测定

GB/T 2918 塑料试样状态调节和试验的标准环境

GB/T 5009.60 食品包装用聚乙烯、聚苯乙烯、聚丙烯成型品卫生标准的分析方法

GB/T 5009.122 食品容器、包装材料用聚氯乙烯树脂及成型品中残留1,1-二氯乙烷的测定

GB/T 5009.156 食品用包装材料及其制品的浸泡试验方法通则

GB/T 6388 运输包装收发货标志

GB/T 6672 塑料薄膜和薄片厚度测定 机械测量法

GB/T 6673 塑料薄膜和薄片长度和宽度的测定

GB/T 7141 塑料热老化试验方法

GB 15204 食品容器、包装材料用偏氯乙烯-氯乙烯共聚树脂卫生标准

GB/T 17030 食品包装用聚偏二氯乙烯(PVDC)片状肠衣膜

3 术语和定义

下列术语和定义适用于本标准。

3.1

自粘性 self-cling

薄膜本身具有的相互粘着性。

3.2

开卷性 open-wrapping

使用时薄膜由膜卷中引出的难易程度。

3.3

耐热温度 heat-resisting temperature

薄膜在一定加热条件下出现破裂或穿孔时的温度。

4 要求

4.1 规格及偏差

单卷产品的规格及偏差应符合表1。

表1 规格及偏差

序号	项目	规格	极限偏差
1	宽度/mm	100,300,600,900,1100	±2
2	厚度/mm	0.009,0.010,0.011,0.012	±0.002
3	长度/m	6～600	不允许有负偏差
注：特殊规格可按合同规定执行。			

4.2 外观

4.2.1 薄膜透明，色泽正常，无异嗅；无气泡、穿孔、破裂；允许有轻微的活褶；膜卷端面整齐，纸芯边缘大于膜边端面 1 mm。

4.2.2 薄膜每卷长度 30 m 内不允许断头。超过 30 m～600 m 每卷不超过3个断头，每段长度不少于 30 m。

4.2.3 薄膜不允许有尺寸大于 1.0 mm 的颗粒(碳化物和未完全熔化晶点)；尺寸 0.3 mm～1.0 mm 的颗粒不多于 20 个/m^2；颗粒不多于2个/(10 cm×10 cm)。

4.3 物理性能

物理性能应符合表2。

表2 物理性能

序号	检验项目	指标
1	拉伸强度/MPa	纵向≥30
		横向≥30
2	断裂伸长率/%	纵向≥20
		横向≥20
3	自粘性(剪切剥离强度)/(N/cm^2)	≥0.8
4	雾度/%	≤2.0
5	透光率/%	≥85
6	氧气透过量/[cm^3/(m^2·24 h·0.1 MPa)]	≤85
7	水蒸气透过量/[g/(m^2·24 h)]	≤12
8	耐热温度/℃	≥140
9	开卷性	5 s内完全剥开

4.4 卫生指标

4.4.1 薄膜的偏二氯乙烯、氯乙烯单体残留量应符合 GB 15204 中的规定。

4.4.2 薄膜的蒸发残渣、高锰酸钾消耗量、重金属含量应符合 GB/T 17030 中的规定。

5 试验方法

5.1 取样方法

从供检验的膜卷外层剥去 2 m 后，取卷内中间缠绕平整的膜段作为检验试样膜。

5.2 试样状态调整和试验的环境

试样状态调节和试验环境，按 GB/T 2918 的规定，环境温度 23 ℃±2 ℃，相对湿度 50%±5%，状态调节时间不得小于 4 h，并在此条件下进行试验。

5.3 规格的测定

5.3.1 厚度的测定

按 GB/T 6672 的规定进行，用精度为 1 μm 的厚度测量仪测定。

5.3.2 宽度和长度的测定

按 GB/T 6673 的规定进行。

5.4 外观检验

5.4.1 薄膜的色泽、透明度、气味、气泡、穿孔、破裂等，在自然光线下用感官检查。

5.4.2 碳化物和未完全熔化晶点的尺寸，用 10 倍的刻度放大镜进行检查，从最大尺寸颗粒数起，依次计算 1 m^2 和 10 cm×10 cm 薄膜内所含颗粒的数目。

5.5 物理性能的测定

5.5.1 拉伸强度和断裂伸长率的测定

按 GB/T 1040.3 的规定进行。试样采用长条形，长度至少为 150 mm，宽度为 15 mm，试样标距(100±1)mm，夹具间距 120 mm，拉伸速度为(200±25)mm/min。

5.5.2 自粘性(剪切剥离强度)的测定

5.5.2.1 试样的制备

从试样上沿纵向裁取 100 mm×25 mm 的试样 10 条，每两条为一组。将每组试样在长度方向上首尾搭接，第 1 条尾部和第 2 条首部相互搭接，搭接部位长度为 15 mm、宽度为 25 mm，将搭接好的试样铺在光滑的平面上，用直径 40 mm、长度 100 mm、质量 300 g 的橡胶滚轱在试样搭接部位往复拖动滚压 5 次，使搭接处紧密结合，不得留有气泡。将制好的试样在试验环境条件下放置 20 min，然后进行测试。

5.5.2.2 试验方法

参照 GB/T 1040.3 的规定，把每组试样的两端夹在拉力机上拉伸，拉伸速度为(200±25)mm/min，测出两条试样分离所需要的力，自粘性按式(1)计算：

$$P = \frac{F}{a \cdot b} \times 100 \qquad \cdots\cdots(1)$$

式中：

P——自粘性(剪切剥离强度)，单位为牛顿每平方厘米(N/cm^2)；

F——试样分离所需要的力，单位为牛顿(N)；

a——搭接长度，单位为毫米(mm)；

b——搭接宽度，单位为毫米(mm)。

取五组试样测试结果的算术平均值。

5.5.3 雾度和透光率的测定

按 GB/T 2410 的规定进行。

5.5.4 氧气透过量的测定

按 GB/T 1038 的规定进行。

5.5.5 水蒸气透过量的测定

按 GB/T 1037—1988 方法 A 的规定进行。

5.5.6 耐热温度的测定

5.5.6.1 试验设备和器具

试验设备：带有观察窗的温度自动控制电热箱，技术条件符合 GB/T 7141 的规定。测温计最小读数 0.5 ℃。

试验器具：直径150 mm，深度60 mm的陶瓷圆形平盘。

5.5.6.2 试样的制备

截取300 mm×300 mm的薄膜，双手拉展覆盖到陶瓷圆形平盘上，靠薄膜的自粘性把盘口密封，并在盘口形成绷紧的平整的膜面。将试样盘放入电热箱中央，试样膜面要尽量靠近测温计。

5.5.6.3 试验方法

先接通电热箱电源，把电热箱温度升高到100 ℃，然后将试样放入电热箱中，再调节电热箱升温速度在(3.0～5.0)℃/min。观察盘口膜面变化，一直到膜面出现破裂或穿孔时为止，此时电热箱的温度即薄膜的耐热温度。试验进行5次，取算术平均值。

5.6 开卷性的测定

5.6.1 试样的制备

沿纵向裁取50 mm宽、150 mm长的试样6条，每两条为一组，相对贴合。按照5.5.2.1规定的方法处理。

5.6.2 试验方法

如图1所示，将试样的一端固定，另一端用胶带纸固定上负荷4 g重的重物，缓慢放下重物，让其自然剥离，用秒表测量试样剥离贴合100 mm长度所需要的时间。取三组试样的测定结果算术平均值。

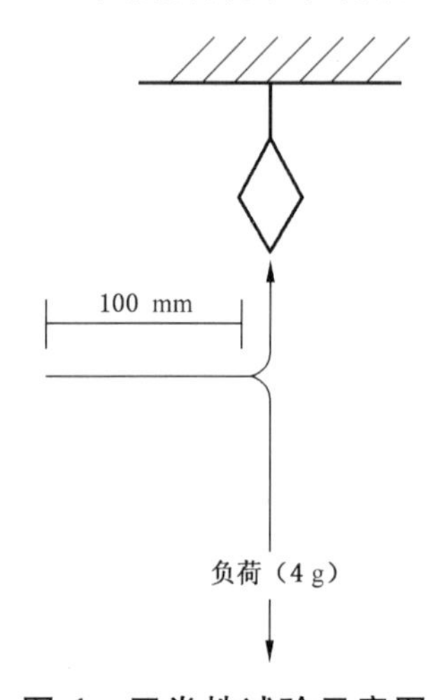

图1 开卷性试验示意图

5.7 卫生指标的测定

5.7.1 偏二氯乙烯、氯乙烯单体残留量的检验按GB/T 5009.122规定进行。

5.7.2 蒸发残渣、高锰酸钾消耗量、重金属含量的检验按GB/T 5009.60和GB/T 5009.156规定进行。

6 检验规则

6.1 组批

检验以批为单位，使用同一批号的树脂，在相同生产工艺条件下吹制的同一厚度薄膜为一批，最大批量不超过10 t。

6.2 检验分类

6.2.1 出厂检验

每批产品应进行出厂检验，检验项目为本标准要求中的4.1、4.2和4.3表2中的1、2、3、8、9项。

6.2.2 型式检验

有下列情况之一时，应进行型式检验，检验项目为本标准要求中的全部项目。

a) 新产品试制定型鉴定时；

b) 正常生产时，每12个月检验1次；

c) 停产6个月以上恢复生产或老产品转厂生产时；

d) 生产材料及工艺有较大改变，可能影响产品性能时；

e) 出厂检验结果与上次型式检验有较大差异时；

f) 国家质量监督机构提出要求时。

6.3 抽样

6.3.1 从同一批中任取10卷进行规格及偏差、外观项目的检验。

6.3.2 从同一批中任取1卷进行物理性能项目的检验。

6.3.3 从同一批中任取1卷进行卫生指标的检验。

6.4 判定规则

6.4.1 规格及偏差、外观的项目，任何一项达不到标准要求者，则判定该卷产品为不合格。10卷产品的合格率不小于90%，则判定该批产品规格及偏差、外观为合格；若达不到的，应取双倍数量的样品复检，若合格率不小于90%，则判定该批产品合格，否则为不合格。

6.4.2 物理性能各项检测结果符合本标准规定，则判定该批的物理性能合格；若有不合格项，经双倍取样复测仍不合格，则判定该批的物理性能为不合格。

6.4.3 卫生指标检测结果若有不合格项，则判定该批产品为不合格。

6.4.4 若6.4.1、6.4.2、6.4.3所有项目检验合格，则判定该批产品合格。

7 标识、包装、运输及贮存

7.1 标识

7.1.1 每个产品包装上应有标识，标明产品名称、材质、商标、规格、生产日期、保质期和生产厂家的名称、地址、电话、执行标准及使用方法与注意事项等，并附产品合格证。

7.1.2 产品外包装应有标识，标明产品名称、规格、生产日期、生产厂家的名称、执行标准、防热、防雨淋、防日晒、轻拿轻放等专用标识并符合GB/T 6388的规定。

7.1.3 专用于微波炉加热使用的薄膜，应标明"可供微波炉使用"、耐热温度。

7.2 包装

7.2.1 产品分为内包装、外包装。

7.2.2 内包装分为简装和盒装。

简装：外套用塑料膜密封包装。

盒装：膜卷装入带有切割功能的盒子。

7.2.3 外包装采用瓦楞纸箱或其他合适的材料包装。

7.3 运输

产品在运输中应轻拿轻放，防止重压和碰撞造成包装损伤，防止日晒和雨淋，不得与有毒有害物品混装共运。

7.4 贮存

产品应贮存在清洁、通风、阴凉、干燥的常温室内，远离高温，不得与有毒有害物品共贮。产品自生产之日起保质期为5年。

ICS 85.060
Y 32

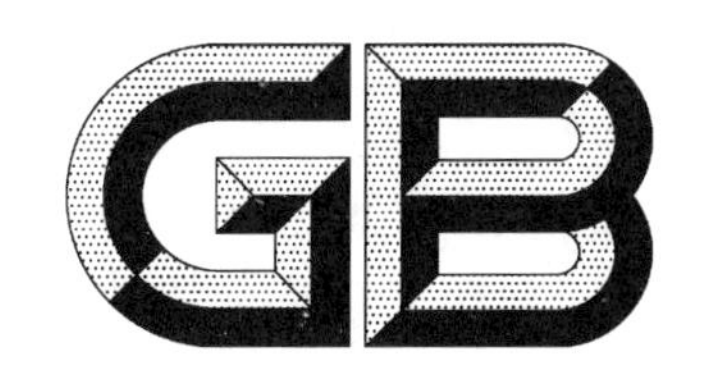

中华人民共和国国家标准

GB/T 24695—2009

食品包装用玻璃纸

Cellophane used for food packaging

2009-11-30 发布　　2010-05-01 实施

中华人民共和国国家质量监督检验检疫总局
中国国家标准化管理委员会　发布

前　言

本标准是在原轻工业行业标准 QB/T 1013—2005《玻璃纸》的基础上制定。

本标准的附录 A、附录 B、附录 C 为规范性附录。

本标准由中国轻工业联合会提出。

本标准由全国造纸工业标准化技术委员会(SAC/TC 141)归口。

本标准起草单位:潍坊恒联玻璃纸有限公司、中国制浆造纸研究院。

本标准主要起草人:陈汉爱、李瑞丰、高玉刚、许丽丽。

本标准由全国造纸工业标准化技术委员会负责解释。

食品包装用玻璃纸

1 范围

本标准规定了食品包装用玻璃纸(以下简称为食品用玻璃纸)的分类、要求、试验方法、检验规则和标志、包装、运输、贮存。

本标准适用于医药、食品等商品透明包装用玻璃纸。

2 规范性引用文件

下列文件中的条款通过本标准的引用而成为本标准的条款。凡是注日期的引用文件,其随后所有的修改单(不包括勘误的内容)或修订版均不适用于本标准,然而,鼓励根据本标准达成协议的各方研究是否可使用这些文件的最新版本。凡是不注日期的引用文件,其最新版本适用于本标准。

GB/T 450 纸和纸板 试样的采取及试样纵横向、正反面的测定(GB/T 450—2008,ISO 186:2002,MOD)

GB/T 451.1 纸和纸板尺寸及偏斜度的测定

GB/T 451.2 纸和纸板定量的测定(GB/T 451.2—2002,eqv ISO 536:1995)

GB/T 451.3 纸和纸板厚度的测定(GB/T 451.3—2002,idt ISO 534:1998)

GB/T 462 纸、纸板和纸浆 分析试样水分的测定(GB/T 462—2008;ISO 287:1985,MOD;ISO 638:1978,MOD)

GB/T 601 化学试剂 标准滴定溶液的制备

GB/T 2828.1 计数抽样检验程序 第1部分:按接收质量限(AQL)检索的逐批检验抽样计划(GB/T 2828.1—2003,ISO 2859-1:1999,IDT)

GB/T 2679.2 纸和纸板透湿度与折痕透湿度的测定(盘式法)(GB/T 2679.2—1995,eqv ISO 2528:1974)

GB/T 5009.78 食品包装用原纸卫生标准的分析方法

GB/T 10342 纸张的包装和标志

GB/T 10739 纸、纸板和纸浆试样处理和试验的标准大气条件(GB/T 10739—2002,eqv ISO 187:1990)

GB 11680 食品包装用原纸卫生标准

GB/T 12914 纸和纸板 抗张强度的测定(GB/T 12914—2008;ISO 1924-1:1992,MOD;ISO 1924-2:1992,MOD)

3 分类

3.1 食品用玻璃纸分为防潮和非防潮。

3.2 食品用玻璃纸分为卷筒和平板。

3.3 食品用玻璃纸分为一等品和合格品。

4 要求

4.1 非防潮食品用玻璃纸的技术指标应符合表1或按合同要求,防潮食品用玻璃纸的技术指标应符合表2或合同要求。

表 1 非防潮食品用玻璃纸技术要求

指标名称		单位	规定			
定量		g/m^2	≤40		>40	
定量偏差			一等品	合格品	一等品	合格品
			±2	±3	±2	±3
厚度横幅差 ≤	平板	μm	4	5	4	5
	卷筒		3	4	3	4
抗张强度 ≥	纵	N/15 mm	20	15	25	20
	横		10	8	15	10
伸长率 ≥	纵	%	7	7	10	8
	横		15	12	20	15
交货水分		%	8.0±2.0			
抗粘性 ≥		%	70			
含硫量 ≤		%	0.03			
小于 0.5 mm 的气泡 ≤		个/m^2	0	5	0	5

表 2 防潮食品用玻璃纸技术要求

指标名称		单位	规定			
定量		g/m^2	≤40		>40	
定量偏差			一等品	合格品	一等品	合格品
			±2	±3	±3	±4
厚度横幅差 ≤	平板	μm	3	4	4	5
	卷筒		2	3	3	4
抗张强度 ≥	纵	N/15 mm	35	30	40	35
	横		15	10	20	15
伸长率 ≥	纵	%	10		10	
	横		20		20	
交货水分		%	8.0±2.0			
透湿度 ≤		g/(m^2·24 h)	60			
热封强度 ≥		N/37 mm	1.764		1.5	
抗粘性 ≥		%	70			
含硫量 ≤		%	0.03			
小于 0.5 mm 的气泡 ≤		个/m^2	0	5	0	5

4.2 食品用玻璃纸的切边应整齐，纸面应平整，不应有裂口、缺角、实道。

4.3 禁止在食品用玻璃纸中使用对人体有害的助剂。食品用玻璃纸的卫生指标必须符合 GB 11680 的规定。

4.4 平板纸规格为 1 000 mm×1 150 mm、1 000 mm×1 200 mm、900 mm×1 100 mm、900 mm×500 mm 或按合同要求，尺寸偏差应不大于$^{+5}_{-3}$ mm，偏斜度应不超过 5 mm。

4.5 卷筒食品用玻璃纸宽度和直径按合同要求，宽度偏差应不大于$^{+5}_{-3}$ mm。

4.6 卷筒食品用玻璃纸每卷断头应不多于2个，机外复卷(或分切)的卷筒食品用玻璃纸接头处应用胶带平接，并在卷筒端部夹明显标志或按合同要求。

4.7 卷筒食品用玻璃纸松紧应一致，切边整齐，不应有裂口、损伤等。卷筒端面锯齿形应不超过±5 mm，机外复卷(或分切)食品用玻璃纸应不超过±2 mm。

5 试验方法

5.1 试样的采取按GB/T 450执行。

5.2 试样的处理和试验的标准大气条件按GB/T 10739执行。

5.3 尺寸按GB/T 451.1进行测定。

5.4 定量按GB/T 451.2进行测定。

5.5 厚度横幅差按GB/T 451.3进行测定，沿幅纸横向均匀测定5个点，以最大值与最小值之差表示结果。

5.6 抗张强度、伸长率按GB/T 12914进行测定，伸裁时按恒速拉伸法进行测定。

5.7 水分按GB/T 462进行测定。

5.8 透湿度按GB/T 2679.2进行测定。

5.9 含硫量按附录A进行测定。

5.10 抗粘性按附录B进行测定。

5.11 热封强度按附录C进行测定。

5.12 理化指标和微生物指标按GB/T 5009.78进行测定。

5.13 外观质量采用目测检验。

6 检验规则

6.1 以一次交货数量为一批。

6.2 生产厂应保证产品质量符合本标准要求，每件(卷)纸交货时应附一份合格标识。

6.3 卫生指标不合格，则判该批不合格。

6.4 计数抽样检验程序按GB/T 2828.1规定进行，样本单位为件(卷)。接收质量限(AQL)：抗粘性、含硫量AQL为4.0；定量、厚度横幅差、伸长率、抗张强度、透湿度、热封强度、交货水分、气泡、尺寸、外观纸病AQL为6.5。采用正常检验二次抽样，检验水平为特殊检验水平S-2，其抽样方案见表3。

表3 抽样方案

批量/件或卷	正常检验二次抽样方案　特殊检验水平S-2				
	样本量	AQL值为4.0		AQL值为6.5	
		Ac	Re	Ac	Re
2～150	2	—	—	0	1
	3	0	1	—	—
151～1 200	3	0	1	—	—
	5	—	—	0	2
	5(10)	—	—	1	2

6.5 可接收性的确定：第一次检验的样品数量应等于该方案给出的第一样本量。如果第一样本中发现的不合格品数小于或等于第一接收数，应认为该批是可接收的；如果第一样本中发现的不合格品数大于或等于第一拒收数，应认为该批是不可接收的。如果第一样本中发现的不合格品数介于第一接收数与

第一拒收数之间，应检验由方案给出样本量的第二样本并累计在第一样本和第二样本中发现的不合格品数。如果不合格品累计数小于或等于第二接收数，则判定该批是可接收的；如果不合格品累计数大于或等于第二拒收数，则判定该批是不可接收的。

6.6 需方有权按本标准进行验收。如对此产品质量提出异议，应在收到货后三个月内通知供方共同取样进行复检。如符合本标准或合同要求，应判为批合格，由需方负责处理；如不符合本标准或合同要求，应判为批不合格，由供方负责处理。

7 标志、包装、运输、贮存

7.1 食品用玻璃纸的标志和包装按应 GB/T 10342 进行。

7.1.1 平板纸每 500 张为一包，每包附合格证，并有纵向标志。每 10 包为一件装入箱内，上下均需衬纸板和防潮纸或按合同要求。

7.1.2 卷筒食品用玻璃纸每卷外包塑料套，两端加堵塞等系列防潮封闭包装。

7.1.3 卷筒食品用玻璃纸也可用纸箱或筒包装，长度超过 700 mm 的筒装卷筒食品用玻璃纸，卷重应不超过 90 kg 或按合同要求。

7.1.4 每件(卷)纸应注明产品名称、尺寸、定量、等级、净重、毛重、箱(筒)号、生产厂名和生产日期。

7.2 运输时应使用有篷而洁净的运输工具，搬运时不应将纸件从高处扔下，以免损坏包装或玻璃纸。

7.3 产品应妥善保管，贮存和运输时应防止雨、雪和地面潮气的影响。

附 录 A
（规范性附录）
含硫量的测定

A.1 原理

本方法是使玻璃纸上的硫与亚硫酸钠反应生成硫代硫酸钠，生成的硫代硫酸钠用碘标准溶液滴定。多余的亚硫酸钠加入甲醛以除去干扰。

$$S + Na_2SO_3 \longrightarrow Na_2S_2O_3$$

$$2Na_2S_2O_3 + I_2 \longrightarrow 2NaI + Na_2S_4O_6$$

$$Na_2SO_3 + HCHO + CH_3COOH \longrightarrow CH_3COONa + H{-}\underset{\displaystyle H}{\overset{\displaystyle OH}{\underset{|}{\overset{|}{C}}}}{-}SO_3Na$$

A.2 试验步骤

A.2.1 碘标准溶液的配制按 GB/T 601 执行。

A.2.2 称取玻璃纸试样 5 g～6 g 两份，精确至 0.001 g。另取试样，按 GB/T 462 测定试样的水分。然后将试样剪成约 10 mm×10 mm 的碎片，装入带有玻璃接口回流装置的 500 mL 锥形瓶内。加入亚硫酸钠溶液(1.5%)150 mL，然后连好冷凝管，置于甘油恒温槽上加热煮沸。调节电炉温度，使其缓和沸腾 1.5 h。煮沸完毕，待烧瓶稍加冷却，加入少量蒸馏水冲洗冷凝管。然后拆卸冷凝管，烧瓶内溶液先用布氏漏斗过滤，再用 100 mL 热水洗涤滤渣。将所得滤液移至容量为 500 mL 的碘量瓶中，加甲醛(37%～40%)5 mL，乙酸(20%)20 mL 及淀粉溶液 3 mL～5 mL，并放置 5 min。然后用微量滴定管加入碘标准溶液(0.05 mol/L)进行滴定，试验溶液从无色变至微蓝色时为终点，滴定终点以 30 s 不消失为准。

按相同方法做一个空白试验。

A.3 计算

绝干玻璃纸的含硫量 X，以%表示，按式(A.1)计算：

$$X = \frac{(V_1 - V_2) \times c \times 0.032 \times 10\,000}{m \times (100 - W)} \qquad \cdots\cdots (A.1)$$

式中：

X——绝干玻璃纸的含硫量，%；

V_1——样品滴定时碘标准溶液消耗量，单位为毫升(mL)；

V_2——空白试验滴定时碘标准溶液的消耗量，单位为毫升(mL)；

c——碘标准溶液的浓度；

0.032——与 1 mL 碘标准溶液$\left[c = \left(\frac{1}{2}I_2\right) = 1\ mol/L\right]$相当的硫量，单位为克(g)；

m——试样的质量，单位为克(g)；

W——试样水分，%。

附 录 B
（规范性附录）
抗粘性的测定

B.1 原理

在一定的试验条件下，以试样不发生粘合的最大相对湿度（%）表示其抗粘合的能力。

B.2 取样

试样按 GB/T 450 采取。

B.3 仪器

B.3.1 恒温恒湿箱，温度（40±1）℃，相对湿度（70±2）%。

B.3.2 压砣，底面积 50 mm×100 mm，质量 3 kg，底面应平直。

B.3.3 玻璃板，表面平直，尺寸为 70 mm×120 mm。

B.4 试验步骤

B.4.1 切取 70 mm×120 mm 试样约 20 层，试样的长边为纵向，各层试样正反面的叠放顺序应一致。

B.4.2 对于水分高于测定条件下平衡水分的试样，应把试样放在干燥器内或温度不超过 40 ℃的烘箱内，使其水分低于平衡水分后再进行测试。

B.4.3 调节恒温恒湿箱至温度（40±1）℃，相对湿度（70±2）%。将试样放入烘箱内，并用夹子夹持试样一角悬挂处理 2 h，使试样的水分达到平衡，同时把玻璃板和压砣放于箱内。

B.4.4 当试样的水分达到平衡后，立即把试样重叠在一起平放于箱内的玻璃板上，用压砣轻轻压好，继续在箱内平压 30 min。

B.4.5 30 min 后取出试样，观察纸层间的粘合情况。如果试样未发生粘合现象，应继续升高相对湿度（相对湿度每次升高 5%），重复 B.4.3、B.4.4 操作，直至试样开始粘合为止，并以试样不发生粘合的最大相对湿度（%）表示抗粘性结果。

注：如试样抗粘性未知，可酌情选择较低湿度条件开始测试。

附 录 C
（规范性附录）
热封强度的测定

C.1 取样

裁切 300 mm（纵向）×37 mm（横向）的试样六张，三张沿纵向对折成 150 mm 长，在平行于折痕 40 mm 处进行粘合。另三张朝相反的方向沿纵向对折成 150 mm 长，用同样的方法进行粘合。

C.2 原理

试样在（140±5）℃，200 kPa～300 kPa 的条件下粘合 3 s，冷却后测定其热封强度。

C.3 步骤

在将热粘合处理后的试样放置到冷却，用弹簧秤下端的夹子夹住试样一端，用手指捏住试样的另一端，拉动至完全剥离，读取剥离时的弹簧秤读数，取六个数的平均值，乘以 0.009 8 N/g 后即为热封强度值。

ICS 85.060
Y 32

中华人民共和国国家标准

GB/T 24696—2009

食品包装用羊皮纸

Parchment used for food packaging

2009-11-30 发布　　　　2010-05-01 实施

中华人民共和国国家质量监督检验检疫总局
中国国家标准化管理委员会　发布

前　言

本标准在原轻工业行业标准 QB/T 1710—1993《食品羊皮纸》的基础上制定。

本标准的附录 A 为规范性附录。

本标准由中国轻工业联合会提出。

本标准由全国造纸工业标准化技术委员会归口。

本标准起草单位：济南晨光纸业有限公司、中国制浆造纸研究院、国家纸张质量监督检验中心。

本标准主要起草人：高欣卡、柴正玲、刘善田、魏明华。

本标准由全国造纸工业标准化技术委员会负责解释。

食品包装用羊皮纸

1 范围

本标准规定了食品包装用羊皮纸(以下简称食品羊皮纸)的分类、要求、试验方法、检验规则及标志、包装、运输、贮存。

本标准适用于供食品、药品、消毒材料的内包装用纸,也适用于其他具有不透油性和耐水性的包装用纸。

2 规范性引用文件

下列文件中的条款通过本标准的引用而成为本标准的条款。凡是注日期的引用文件,其随后所有的修改单(不包括勘误的内容)或修订版均不适用于本标准,然而,鼓励根据本标准达成协议的各方研究是否可使用这些文件的最新版本。凡是不注日期的引用文件,其最新版本适用于本标准。

GB/T 450 纸和纸板 试样的采取及试样纵横向、正反面的测定(GB/T 450—2008,ISO 186:2002,MOD)

GB/T 451.1 纸和纸板尺寸及偏斜度的测定

GB/T 451.2 纸和纸板定量的测定(GB/T 451.2—2002,eqv ISO 536:1995)

GB/T 454 纸耐破度的测定(GB/T 454—2002,idt ISO 2758:2001)

GB/T 457—2008 纸和纸板 耐折度的测定(GB/T 457—2008,ISO 5626:1993,MOD)

GB/T 462 纸 纸板和纸浆 分析试样水分的测定(GB/T 462—2008;ISO 287:1985,MOD;ISO 638:1978,MOD)

GB/T 465.1 纸和纸板 浸水后耐破度的测定(GB/T 465.1—2008,ISO 3689:1983,IDT)

GB/T 1541 纸和纸板 尘埃度的测定

GB/T 1545 纸、纸板和纸浆 水抽提液酸度或碱度的测定(GB/T 1545—2008,ISO 6588:1981,MOD)

GB/T 2828.1 计数抽样检验程序 第1部分:按接收质量限(AQL)检索的逐批检验抽样计划(GB/T 2828.1—2003,ISO 2859-1:1999,IDT)

GB/T 5009.78 食品包装用原纸卫生标准的分析方法

GB/T 10342 纸张的包装和标志

GB/T 10739 纸、纸板和纸浆试样处理和试验的标准大气条件(GB/T 10739—2002,eqv ISO 187:1990)

GB 11680 食品包装用原纸卫生标准

GB/T 12914 纸和纸板 抗张强度的测定(GB/T 12914—2008;ISO 1924-1:1992,MOD;ISO 1924-2:1992,MOD)

3 分类

3.1 食品羊皮纸分为卷筒纸和平板纸。

3.2 食品羊皮纸按质量分为优等品、一等品和合格品。

3.3 根据用户要求可生产各种颜色的食品羊皮纸。

4 要求

4.1 食品羊皮纸的技术指标应符合表1的规定,或按订货合同的规定。

表 1

指标名称		单位	规定		
			优等品	一等品	合格品
定量		g/m^2	45.0±2.5 60.0±3.0		
抗张指数(纵横平均)	≥	N·m/g	54.0	47.0	42.0
耐破指数	干 ≥	kPa·m^2/g	4.50	4.00	3.50
	湿 ≥		3.00	2.50	2.00
耐折度(纵横平均)	≥	次	250	220	200
透油度	≤0.25 mm	个/100 cm^2	2		
	>0.25 mm		不应有		
尘埃度	0.2 mm^2～1.5 mm^2 ≤	个/m^2	20	30	50
	>1.5 mm^2		不应有		
水抽提液 pH 值		—	7.0±1.0		
交货水分		%	7.0±2.0		

4.2 纸的切边应整齐。卷筒纸的尺寸偏差应不超过±3 mm,平板纸偏斜度应不超过 3 mm。

4.3 纸的纤维组织应均匀。

4.4 纸面应平整,不应有褶子、砂子、洞眼、硬质块、皱纹、条痕及脏污点。

4.5 食品羊皮纸的卫生指标应符合 GB 11680 的规定。

5 试验方法

5.1 试样的采取按 GB/T 450 执行。

5.2 试样的处理按 GB/T 10739 执行。

5.3 尺寸及偏斜度的测定按 GB/T 451.1 执行。

5.4 定量的测定按 GB/T 451.2 执行。

5.5 抗张指数的测定按 GB/T 12914 执行,采用恒速拉伸法。

5.6 耐破指数的测定按 GB/T 454 执行;湿耐破度的测定按 GB/T 465.1 执行,浸水时间为 0.5 h。

5.7 耐折度的测定按 GB/T 457—2008 执行,采用肖伯尔法。

5.8 透油度的测定按附录 A 执行。

5.9 尘埃度的测定按 GB/T 1541 执行。

5.10 水抽提液 pH 值按 GB/T 1545 执行,采用热抽提法。

5.11 卫生指标的检测按 GB/T 5009.78 执行。

5.12 交货水分按 GB/T 462 执行。

5.13 外观质量采用目测检验。

6 检验规则

6.1 以一次交货数量为一批,但应不多于 30 t。

6.2 生产厂应保证所生产的食品羊皮纸符合本标准或订货合同的规定,每卷纸交货时应附有一份产品质量合格证。

6.3 食品羊皮纸卫生指标不合格,则判定该批是不可接收的。

6.4 产品交收检验和抽样检验按 GB/T 2828.1 的规定执行,样本单位为卷(件)。接收质量限 AQL:

抗张指数、耐折度、透油度 AQL 为 4.0；定量、耐破指数、尘埃度、水抽提液 pH 值、交货水分、尺寸及偏斜度、外观质量 AQL 为 6.5。采用正常检验二次抽样，检验水平为一般检验水平Ⅰ，其抽样方案见表 2。

表 2

批量/卷(件)	正常检验二次抽样方案　一般检验水平Ⅰ				
	样本量	AQL 值为 4.0		AQL 值为 6.5	
		Ac	Re	Ac	Re
2～25	2	—	—	0	1
	3	0	1	—	—
26～90	3	0	1	—	—
	5	—	—	0	2
	5(10)	—	—	1	2
91～150	5	—	—	0	2
	5(10)			1	2
	8	0	2	—	—
	8(16)	1	2		
151～280	8	0	2	0	3
	8(16)	1	2	3	4

6.5　可接收性的确定：第一次检验的样品数量应等于该方案给出的第一样本量。如果第一样本中发现的不合格品数小于或等于第一接收数，应认为该批是可接收的；如果第一样本中发现的不合格品数大于或等于第一拒收数，应认为该批是不可接收的。如果第一样本中发现的不合格品数介于第一接收数与第一拒收数之间，应检验由方案给出的样本量的第二样本并累计在第一样本和第二样本中发现的不合格品数。如果不合格品累计数小于或等于第二接收数，则判定批是可接收的；如果不合格品累计数大于或等于第二拒收数，则判定该批是不可接收的。

6.6　需方有权检查该批产品的质量是否符合本标准或订货合同的要求，若对产品质量有异议，应在到货后一个月内通知供方，由供需双方共同取样进行复验。如不符合本标准或订货合同的规定，则判为批不可接收，由供方负责处理；若符合本标准或订货合同的规定，则判为批可接收，由需方负责处理。

7　标志、包装、运输、贮存

7.1　纸张的标志与包装应按 GB/T 10342 或订货合同的规定执行。

7.2　运输时应使用带篷且洁净的运输工具，严防日晒雨淋。不应用钩吊打包铁丝，不应将纸件从高处扔下。

7.3　在生产、加工、运输、贮存过程中严防毒害药品和重金属、粉尘的污染。

7.4　纸张应妥善保管于通风仓库的垫板上，以防受到雨、雪、地面湿气的影响。

附 录 A
（规范性附录）
透油度的测定法

A.1 试样的制备

切取 250 mm×250 mm 的试样 5 张。

A.2 试剂和材料

A.2.1 定性化学滤纸，白色，一叠（5 张～10 张），在最上层的滤纸上画出一个 100 mm×100 mm 的方框。

A.2.2 甘油水溶液 50%（质量分数），含 1%洋红。

A.2.3 量筒，5 mL。

A.3 步骤

将一张试样轻放在整叠滤纸（A.2.1）上，使试样完全盖住滤纸上的方框（A.2.1）。用棉花蘸取 1 mL 甘油水溶液（A.2.2），在试样表面分别沿试样纵横向轻轻涂抹三次。然后移去试样，观察甘油水溶液透过试样，渗入到滤纸方框中的红色斑点，并统计不大于 0.25 mm 红色斑点的个数。

A.4 结果计算

测定 5 次，以 5 次试验结果的算术平均值作为测定结果，修约到整数。

ICS 83.140.10
G 32

中华人民共和国国家标准

GB/T 28117—2011

食品包装用多层共挤膜、袋

Multi-layer co-extrusion films and pouches for food packaging

2011-12-30 发布　　　　2012-08-01 实施

中华人民共和国国家质量监督检验检疫总局
中国国家标准化管理委员会　发布

前言

本标准按 GB/T 1.1—2009 给出的规则起草。

本标准由中国轻工业联合会提出。

本标准由全国食品直接接触材料及制品标准化技术委员会(SAC/TC 397)归口。

本标准起草单位:江苏彩华包装集团公司、上海紫江彩印包装有限公司、惠州宝柏包装有限公司、上海人民塑料印刷厂、黄山永新股份有限公司、中国塑协复合膜专业委员会。

本标准主要起草人:高学文、武向宁、张庆煌、包燕敏、吴跃忠、文秀松。

食品包装用多层共挤膜、袋

1 范围

本标准规定了食品包装用多层共挤膜、袋的原料术语、定义及缩略语和符号、分类、要求、试验方法、检验规则、标志、包装、运输和贮存。

本标准适用于厚度小于0.30 mm、以食品级包装用树脂通过共挤工艺生产的多层食品包装用非印刷膜、袋。

2 规范性引用文件

下列文件对于本文件的应用是必不可少的。凡是注日期的引用文件，仅注日期的版本适用于本文件。凡是不注日期的引用文件，其最新版本(包括所有的修改单)适用于本文件。

GB/T 191 包装储运图示标志

GB/T 1037 塑料薄膜和片材透水蒸气试验方法 杯式法

GB/T 1038 塑料薄膜和薄片气体透过性试验方法 压差法

GB/T 1040.3 塑料 拉伸性能的测定 第3部分:薄膜和薄片的试验条件

GB/T 2410 透明塑料透光率和雾度试验方法

GB/T 2828.1 计数抽样检验程序 第1部分:按接收质量限(AQL)检索的逐批检验抽样计划

GB/T 2918 塑料试样状态调节和试验的标准环境

GB/T 5009.60 食品包装用聚乙烯、聚苯乙烯、聚丙烯成型品卫生标准的分析方法

GB/T 6672 塑料薄膜和薄片厚度的测定 机械测量法

GB/T 6673 塑料薄膜和薄片长度和宽度的测定

GB/T 8808 软质复合塑料材料剥离试验方法

GB/T 9639.1 塑料薄膜和薄片 抗冲击性能试验方法自由落镖法 第1部分:梯级法

GB 9685 食品容器、包装材料用添加剂使用卫生标准

GB 9687 食品包装用聚乙烯成型品卫生标准

GB 9688 食品包装用聚丙烯成型品卫生标准

GB/T 21302 包装用复合膜、袋通则

QB/T 1130 塑料直角撕裂性能试验方法

QB/T 2358 塑料薄膜包装袋热合强度测定方法

3 术语、定义及缩略语和符号

3.1 术语和定义

下列术语和定义适用于本文件。

3.1.1

共挤薄膜 coextrusion film

使用两台或两台以上挤出机，分别将多种不同或相同聚合物熔体通过一个共用模头挤出，获得的多层复合薄膜。

3.1.2

搭接封合　lap sealing

材料外表面与直接接触食品的内表面相封合的方式。

3.1.3

对接封合　butt sealing

直接接触食品的材料内表面间相封合的方式。

3.2　缩略语

下列缩略语适用于本文件。

ABS　丙烯腈/丁二烯/苯乙烯共聚物
ANS　丙烯腈/苯乙烯共聚物
EAA　乙烯/丙烯酸共聚物
EEA　乙烯/丙烯酸乙酯共聚物
EMA　乙烯/甲基丙烯酸共聚物
EVA　乙烯/乙酸乙烯共聚物
EVOH　乙烯/乙烯醇共聚物
MPP　茂金属聚丙烯
PA　聚酰胺
PBT　聚对苯二甲酸乙丁二醇酯
PC　聚碳酸酯
PE　聚乙烯
PE-HD　高密度聚乙烯
PE-LD　低密度聚乙烯
PE-LLD　线性低密度聚乙烯
PE-MD　中密度聚乙烯
PE-MLLD　茂金属线性低密度聚乙烯
PET　聚对苯二甲酸乙二醇酯
PO　聚烯烃
PP　聚丙烯
PVDC　聚偏二氯乙烯
PVOH　聚乙烯醇
TIE　粘合树脂

不在上述之列的材料可根据规范的材料名称和英文缩写。

3.3　符号

共挤出复合　co-extrusion lamination　符号"/co."

4　分类

4.1　产品按形状分为平膜、卷膜和袋。膜的断面形状分为单膜和管膜(含对折,含折边)两种。袋的形状分为一般袋(如:边封袋、枕式袋等)和特殊袋(如:立体袋、异形袋等)。

4.2　产品按材料结构分为4类,见表1。

表 1 结构分类

种类	类 别	材料结构示例
Ⅰ	以 PVDC 为主要功能树脂的多层共挤膜、袋	PO/co. PVDC/co. PO PO/co. TIE/co. PVDC/co. TIE/co. PO PA/co. TIE/co. PVDC/co. TIE/co. PO PBT/co. TIE/co. PVDC/co. TIE/co. PO PA/co. TIE/co. PO/co. TIE/co. PVDC/co. TIE/co. PO PBT/co. TIE/co. PO/co. TIE/co. PVDC/co. TIE/co. PO
Ⅱ	以 EVOH 为主要功能树脂的多层共挤膜、袋	PO/co. TIE/co. EVOH/co. TIE/co. PO PA/co. TIE/co. EVOH/co. TIE/co. PO PBT/co. TIE/co. EVOH/co. TIE/co. PO PA/co. EVOH/co. PA/co. TIE/co. PO PA/co. TIE/co. EVOH/co. PA/co. TIE/co. PO PO/co. TIE/co. EVOH/co. PA/co. TIE/co. PO PBT/co. TIE/co. EVOH/co. PA/co. TIE/co. PO PA/co. TIE/co. PA/co. EVOH/co. PA/co. TIE/co. PO PO/co. TIE/co. PA/co. EVOH/co. PA/co. TIE/co. PO PA/co. TIE/co. PO/co. TIE/co. EVOH/co. PA/co. TIE/co. PO PA/co. TIE/co. PO/co. TIE/co. PA/co. EVOH/co. PA/co. TIE/co. PO PBT/co. TIE/co. PO/co. TIE/co. PA/co. EVOH/co. PA/co. TIE/co. PO PO/co. TIE/co. PO/co. TIE/co. PA/co. EVOH/co. PA/co. TIE/co. PO
Ⅲ	以 PA、PBT 为主要功能树脂的多层共挤膜、袋	PA/co. TIE/co. PO PBT/co. TIE/co. PO PO/co. TIE/co. PA/co. TIE/co. PO PA/co. TIE/co. PA/co. TIE/co. PO PBT/co. TIE/co. PA/co. TIE/co. PO PA/co. TIE/co. PA/co. TIE/co. PA/co. TIE/co. PO PBT/co. TIE/co. PA/co. TIE/co. PA/co. TIE/co. PO PA/co. TIE/co. PO/co. TIE/co. PA/co. TIE/co. PA/co. TIE/co. PO PBT/co. TIE/co. PO/co. TIE/co. PA/co. TIE/co. PA/co. TIE/co. PO
Ⅳ	以 PO 为主要功能树脂的多层共挤膜、袋	LDPE/co. HDPE/co. LLDPE MLLDPE/co. PP/co. MPP HDPE/co. PP/co. MPP PE/co. LDPE/co. IONOMER LDPE/co. PP/co. EVA
注 1:以上 PO 可以使用改性 PE(包括 EAA、EMA、EVA 等)。 注 2:以上结构中任何一种聚合物可以是一层,也可以是两层或者两层以上。		

5 要求

5.1 感官

5.1.1 膜、袋的外观质量应符合表 2 的规定。

表 2　外观质量要求

项　　目	要　　求
气泡	不明显
折皱	允许有轻微的间断性折皱，但不得多于产品总面积的 5%
水纹及云雾	不明显
表面划伤、烫伤、穿孔、破洞、分层、脏污	不允许
条纹	不明显
鱼眼、僵块 个/m^2	① >1 mm，不允许。 ② 0.5 mm～1 mm，≤10。分散度，个/(100 mm×100 mm)≤2。 ③ <0.5 mm，分散度，个/(100 mm×100 mm)≤20
杂质 个/m^2	① >0.6 mm，不允许。 ② 0.3 mm～0.6 mm，≤4。分散度，个/(100 mm×100 mm)≤2
膜卷暴筋	允许有不影响使用的轻微暴筋
膜卷松紧	搬动时不出现膜卷膜间滑动
卷膜端面不平整度	绝对值不大于 3 mm
热封部位	基本平整，无虚封，允许有不影响使用的气泡

5.1.2　异嗅

膜、袋不应有异常气味。

5.2　规格

5.2.1　膜的尺寸偏差

膜的长度、宽度偏差应符合表 3 规定。

表 3　膜的长度、宽度偏差

技术指标		偏差 mm	
		单膜	管膜(折径)
宽度 mm	≤300	$^{+4}_{-2}$	±5
	301～800		±10
	801～1 000		±15
	>1 000		±20
长度偏差 %		$^{+0.5}_{0}$	

5.2.2 接头

膜的接头长度、接头数应符合表4规定。

表4 膜的接头长度、接头数

技术指标		接头数 个	
		单膜	管膜(折径)
接头长度 m	膜长＜500	≤1	
	膜长≥500,＜1 000	≤2	
	膜长≥1 000	≤3	
注:接头与接头之间的距离由供需双方商定。			

5.2.3 膜的厚度偏差

膜的厚度偏差应符合表5规定。

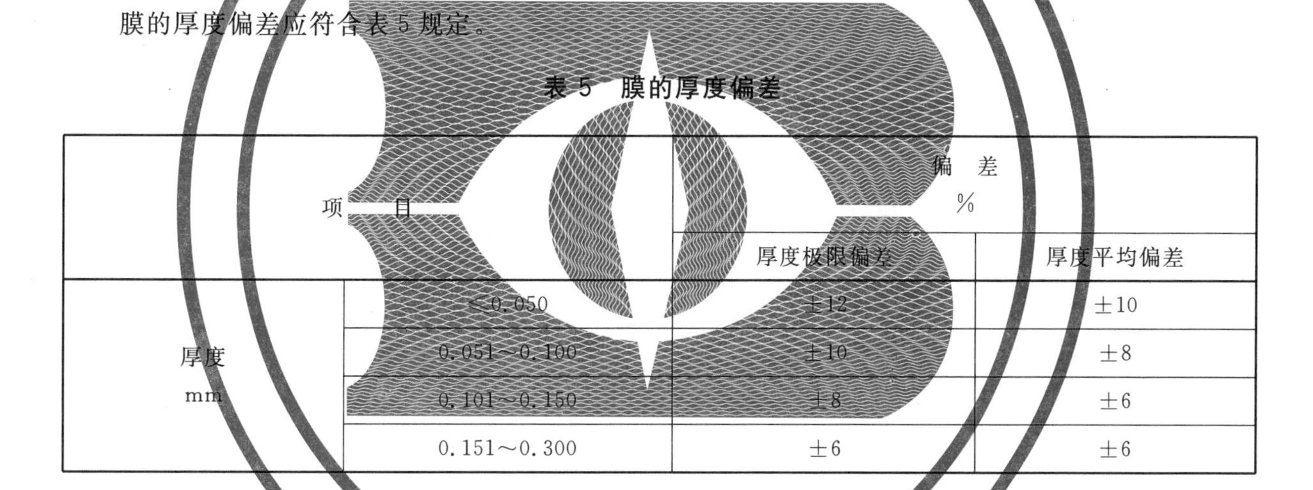

表5 膜的厚度偏差

项目		偏差 %	
		厚度极限偏差	厚度平均偏差
厚度 mm	≤0.050	±12	±10
	0.051～0.100	±10	±8
	0.101～0.150	±8	±6
	0.151～0.300	±6	±6

5.2.4 卷膜筒芯尺寸及偏差

内径为 $\phi 76^{+2}$ mm 或 $\phi 152^{+2}$ mm,特殊要求由供需双方商定。

5.2.5 袋的尺寸偏差

袋的尺寸偏差应符合表6规定。

表6 袋的尺寸及偏差

袋的长度 mm	长度偏差 mm	宽度偏差 mm	封口与袋边距离 mm
≤100	±3	±2	≤4
101～400	±4	±4	≤5
＞400	±6	±6	≤6
注:封口宽度和偏差由供需双方商定。			

5.3 物理力学性能

5.3.1 力学、光学、水蒸气阻隔性能指标

力学、光学、水蒸气阻隔性能应符合表 7 规定。

表 7 力学、光学、水蒸气阻隔性能指标

项目		厚度 mm			
		≤0.050	0.051～0.100	0.101～0.150	0.151～0.300
拉断力 N	纵向	≥10	≥18	≥25	≥30
	横向	≥8	≥15	≥20	≥24
断裂标称应变 %	纵向	≥100	≥200	≥250	≥300
	横向				
热合强度 N/15 mm		≥5	≥10	≥15	≥20
直角撕裂负荷 N	纵向	≥32	≥48	≥64	≥80
	横向				
落镖冲击 g		≥20	≥80	≥140	≥250
剥离强度(内层) N/15 mm		≥3.0	≥4.0	≥5.0	≥6.0
雾度 %		≤15	≤25	≤30	≤35
水蒸气透过量 g/(m^2 · 24 h)		≤30	≤15	≤8	≤6

注 1：热合强度只适用于可热封材料。

注 2：雾度要求不包含消光膜。

注 3：表面摩擦系数、表面润湿张力或有其他特殊要求，由供需双方商定。

5.3.2 氧气阻隔性能指标

氧气阻隔性能应符合表 8 规定。

表 8 氧气阻隔性能指标

项目	Ⅰ		Ⅱ	Ⅲ	Ⅳ
	VDC 和 MA 共聚物	VDC 和 VC 共聚物			
氧气透过量 cm^3/(m^2 · 24 h · 0.1 MPa)	≤20	≤50	≤20	≤220	—

注：第Ⅳ类产品的氧气阻隔性能根据供需双方商定。

5.3.3 袋的耐压性能指标

袋的耐压性能应符合表9规定。

表9 袋的耐压性能指标

袋与内装物总质量 g	负荷 N		性能指标
	三边封袋	其他袋	
≤30	100	80	无渗漏,不破裂
31~100	200	120	
101~400	400	200	
>400	600	300	

5.3.4 袋的跌落性能指标

袋的跌落性能应符合表10规定。

表10 袋的跌落性能指标

袋与内装物总质量 g	跌落高度 mm	性能指标
≤100	800	不破裂
101~400	500	
>400	300	

5.4 卫生性能

5.4.1 膜、袋(直接接触食品为PE层)的卫生性能应符合GB 9687和GB 9685的规定。

5.4.2 膜、袋(直接接触食品为PP层)的卫生性能应符合GB 9688和GB 9685的规定。

5.4.3 添加剂的使用应符合GB 9685的规定。

6 试验方法

6.1 试样状态调节和试验的标准环境

按GB/T 2918的规定进行。

温度23 ℃±2 ℃,相对湿度50%±10%,状态调节时间4 h以上,并在此条件下进行试验。

6.2 感官

6.2.1 膜、袋的外观质量

在自然光线下目测,并用精度不低于0.5 mm的量具测量。

6.2.2 膜、袋的异嗅质量

距离测试样品小于 100 mm,进行嗅觉测试。

6.3 尺寸偏差

6.3.1 膜、袋的长度和宽度偏差按 GB/T 6673 的规定进行。

6.3.2 膜、袋的厚度偏差按 GB/T 6672 的规定进行。

6.3.3 袋的热封宽度用精度不低于 0.5 mm 的量具测量。

6.3.4 封口与袋边的距离用精度不低于 0.5 mm 的量具测量。

6.4 物理力学性能

6.4.1 拉断力、断裂标称应变

按 GB/T 1040.3 的规定进行。

试样采用长条形,长度为 150 mm,宽度为 15 mm,标距为 100 mm±1 mm,试样拉伸速度(空载)为 250 mm/min±25 mm/min。

6.4.2 剥离强度

按 GB/T 8808 的规定进行。

6.4.3 热合强度

按 QB/T 2358 的规定进行。

以膜卷方式出厂的,热封方法、条件由供需双方商定。

6.4.4 直角撕裂负荷

按 QB/T 1130 的规定进行。采用单片试验。

6.4.5 落镖冲击质量试验

按 GB/T 9639.1 的规定进行。

6.4.6 雾度

按 GB/T 2410 的规定进行试验。

6.4.7 氧气透过量

按 GB/T 1038 的规定进行。试验时内容物接触面朝向氧气低压侧。

6.4.8 水蒸气透过量

按 GB/T 1037 的规定进行。试样条件温度 38 ℃±0.6 ℃,相对湿度 90%±2%。试验时将热封面朝向湿度低的一侧。

6.4.9 卫生性能

按 GB/T 5009.60 的规定进行。

6.5 耐压试验

按 GB/T 21302 的规定进行试验。

6.6 跌落试验

按 GB/T 21302 的规定进行试验。

7 检验规则

7.1 批量

膜、袋以同一产品，同一规格，连续生产的量为一批。膜的最大批量不超过 1 000 卷，袋的最大批量不超过 1 000 箱。

7.2 抽样方法

7.2.1 采用随机抽样方法。

7.2.2 对于膜卷样本，脱去外包装后，去除外面三层，从第四层开始抽取 2 m 作为检验样本。

7.2.3 对于袋子样本，打开包装箱后随机抽取 1 只袋子作为检验样本。

7.3 抽样方案及判定规则

7.3.1 规格尺寸、表面的外观质量分别按 GB/T 2828.1 中 IL＝Ⅱ，AQL＝6.5 正常检查二次抽样方案执行，并按表 11 判定该批产品是否合格。

表 11 抽样方案和判定规则

批量	样本	样本量	累计样本量	接收数 Ac	拒收数 Re
1～15	第一	2	2	0	1
	第二	2	4	0	1
16～25	第一	3	3	0	2
	第二	3	6	1	2
26～50	第一	5	5	0	2
	第二	5	10	1	2
51～90	第一	8	8	0	3
	第二	8	16	3	4
91～150	第一	13	13	1	3
	第二	13	26	4	5
151～280	第一	20	20	2	5
	第二	20	40	6	7
281～500	第一	32	32	3	6
	第二	32	64	9	10
501～1 200	第一	50	50	5	9
	第二	50	100	12	13

7.3.2 剥离强度、热合强度，采用在外观抽样的样本中随机抽取1个样品进行测试。检验结果中若有不合格项，应再从该批中抽取双倍样品复验不合格项，如仍有不合格，则该批为不合格。

7.3.3 氧气透过量，水蒸气透过量，耐压性能及跌落性能按表11进行。抽样采取在一批中随机抽样一次进行，检验结果若有不合格，应再从该批中抽取双倍复验，如仍有不合格，则该批为不合格。

7.3.4 卫生性能检验按表12，抽样采取在一批中随机抽样一次进行，检验结果若不合格，则该批为不合格。

表12 部分型式检验项目的检验频次

要求条件项目	正常情况（按结构）	粘合树脂型号改变时	树脂牌号改变时	成型工艺改变时	新产品、新工艺开发时
氧气透过量	1次/3个月	—	√	√	√
水蒸气透过量	1次/3个月	√	√	—	√
耐压性能	1次/6个月	—	√	√	√
跌落性能	1次/6个月	—	√	√	√
卫生性能	1次/6个月	—	√	—	√

注1：“√”代表需检测，“—”代表无需检测。
注2：按产品结构抽样。

7.3.5 以上各抽样方案或判定规则，可根据供需双方（或产品）需要协商选定或另外增减。

7.4 出厂检验项目

对每批产品进行出厂检验，检验项目为：5.1，5.2，5.3.1表7中剥离强度（内层）、热合强度。

7.5 型式检验

7.5.1 型式检验项目为要求中规定的全部项目。有下列情况之一者，应进行型式检验。

a) 新产品试制定型鉴定时；
b) 原材料及工艺有较大改变，可能影响产品性能时；
c) 出厂检验结果与上次型式检验结果有较大差异时；
d) 国家质量监督机构提出要求时；
e) 正常生产时，每半年进行一次。

7.5.2 部分型式检验项目的检验频次应符合表12的规定。

8 标志、包装、运输和贮存

8.1 标志

8.1.1 产品内、外包装上均应有合格证；外箱合格证贴在箱外，纸箱上应印有防雨、向上、易碎以及生产单位名称、地址、电话等标志。

8.1.2 合格证应注明：产品名称、商标、制造厂名、地址、规格、标称内装物质量、批号（含卷号）、数量、生产日期、检验员章等。

8.1.3 包装标志应符合GB/T 191的有关规定。

8.2 包装

内包装应使用食品包装用塑料薄膜，外包装使用塑料编织袋或瓦楞纸板箱等。客户如有特殊要求，按客户要求包装。

8.3 运输

该产品运输时应保持外包装完好，防止机械损伤及日晒雨淋。

8.4 贮存

产品应贮存于清洁、干燥、通风、阴凉，周围无对其产生有害影响的环境中。堆码整齐，距热源不小于1 m，产品贮存期从生产之日起一般为一年。

ICS 83.140.10
G 32

中华人民共和国国家标准

GB/T 28118—2011

食品包装用塑料与铝箔复合膜、袋

Plastics and aluminum foil laminated films and pouches for food packaging

2011-12-30 发布 2012-08-01 实施

中华人民共和国国家质量监督检验检疫总局
中国国家标准化管理委员会 发布

前　言

本标准按照 GB/T 1.1—2009 给出的规则起草。

本标准由中国轻工业联合会提出。

本标准由全国食品直接接触材料及制品标准化技术委员会(SAC/TC 397)归口。

本标准起草单位：上海紫江彩印包装有限公司、上海人民塑料印刷厂、江苏彩华包装集团公司、惠州宝柏包装有限公司、无锡国泰彩印有限公司、中国塑协复合膜专业委员会。

本标准主要起草人:武向宁、包燕敏、侯小平、张庆煌、邹景行、文秀松。

食品包装用塑料与铝箔复合膜、袋

1 范围

本标准规定了食品包装用塑料与铝箔复合膜、袋的缩略语、符号和定义、分类、要求、试验方法、标志、包装、运输和贮存。

本标准适用于厚度小于 0.25 mm 使用温度在 70 ℃以下的以塑料、铝箔为基材复合而成，供食品包装用的膜、袋。

2 规范性引用文件

下列文件对于本文件的应用是必不可少的。凡是注日期的引用文件，仅注日期的版本适用于本文件。凡是不注日期的引用文件，其最新版本(包括所有的修改单)适用于本文件。

GB/T 191 包装储运图示标志

GB 1037 塑料薄膜和片材透水蒸气试验方法 杯式法

GB/T 1038 塑料薄膜和薄片气体透过性试验方法 压差法

GB/T 1040.3 塑料 拉伸性能的测定 第3部分：薄膜和薄片的试验条件

GB/T 2828.1 计数抽样检验程序 第1部分：按接收质量限(AQL)检索的逐批检验抽样计划

GB/T 2918 塑料试样状态调节和试验的标准环境

GB/T 5009.60 食品包装用聚乙烯、聚苯乙烯、聚丙烯成型品卫生标准的分析办法

GB/T 5009.119 复合食品包装袋中二氨基甲苯的测定

GB/T 6672 塑料薄膜和薄片厚度的测定 机械测量法

GB/T 6673 塑料薄膜和片材长度和宽度的测定

GB/T 7707 凹版装潢印刷品

GB/T 8808 软质复合塑料材料剥离试验方法

GB 9683 复合食品包装袋卫生标准

GB 9685 食品容器、包装材料用添加剂使用卫生标准

GB 12904 商品条码 零售商品编码与条码表示

GB/T 14257 商品条码 条码符号放置指南

GB/T 17497 柔性版装潢印刷品

GB/T 18348 商品条码 条码符号印制质量的检验

GB/T 19789 包装材料 塑料薄膜和薄片氧气透过性试验 库仑计检测法

GB/T 21302 包装用复合膜、袋通则

QB/T 2358 塑料薄膜包装袋热合强度试验方法

3 缩略语、符号、术语和定义

下列缩略语、符号、术语和定义适用于本文件。

3.1 缩略语

AL 铝箔

BOPA (NY) 双向拉伸聚酰胺薄膜
BOPET(PET) 双向拉伸聚酯薄膜
BOPP 双向拉伸聚丙烯薄膜
CPP 流延聚丙烯薄膜
EAA 乙烯-丙烯酸塑料
EEAK 乙烯-丙烯酸乙酯塑料
EMA 乙烯-甲基丙烯酸塑料
EVAC 乙烯-乙酸乙烯酯塑料
IONOMER 离子型共聚物
PE 聚乙烯(统称,可以包含 PE-LD、PE-LLD、PE-MLLD、PE-HD、改性 PE 等)
PE-HD 高密度聚乙烯
PE-LD 低密度聚乙烯
PE-LLD 线性低密度聚乙烯
PE-MD 中密度聚乙烯
PE-MLLD 茂金属线性低密度聚乙烯
PO 聚烯烃
PT 玻璃纸

不在上述之列的材料可根据规范的材料名称和英文缩写。

3.2 符号

复合 lamination

复合的符号"/",复合方式包括:

——干法复合 dry lamination 符号"/dr.";
——无溶剂复合 solvent free lamination 符号"/sf.";
——湿法复合 wet lamination 符号"/wt.";
——挤出复合 extrusion lamination 符号"/ex.";
——共挤出复合 co-extrusion lamination 符号"/co."。

3.3 术语和定义

3.3.1

重复长度 repeat length

一个印刷单元的长度。

4 分类

产品按材料结构分为四类,见表1。

表1 结构分类

种类	材料结构
Ⅰ	PET/AL/PE、PET/AL/BOPA/PE、PET/AL/PET/PE、PET/AL/ CPP、PET/AL/BOPA/CPP、PET/AL
Ⅱ	BOPA/AL/PE、BOPA/AL/CPP、BOPA/ PET/AL/CPP、BOPA/AL
Ⅲ	BOPP/AL/PE、BOPP/AL/CPP、BOPP/AL

表 1(续)

种类	材料结构
Ⅳ	PT/AL/PE、PT/AL/CPP、PT/AL/BOPA/PE、PT/AL/PET/PE、PT/AL PO/AL/PE、PO/AL/CPP、PO/AL/BOPA/PE、PO/AL/PET/PE、PO/AL
注1：Ⅳ类中PO为涂层或未拉伸的薄膜。 注2：PE包括PE-LD、PE-LLD、PE-MLLD、改性PE(包括EEAK、EVAC、IONOMER等)。	

5 要求

5.1 感官

5.1.1 外观质量

膜、袋的外观质量应符合表2的规定。

表2 外观质量要求

项目	要求
折皱	允许有轻微的间断性折皱，但不得多于产品表面积的5%
划伤、烫伤、穿孔、粘连、异物、分层	不允许
膜卷松紧	搬动时不出现膜卷膜间滑动
膜卷暴筋	允许有不影响使用的轻微暴筋
膜卷端面不平齐度	绝对值不大于2mm
气泡	不明显
热封部位	基本平整，无虚封，允许有不影响使用的气泡

5.1.2 印刷

凹版印刷质量应符合GB/T 7707的规定。
柔版印刷质量应符合GB/T 17497的规定。

5.1.3 条形码印刷

条形码印刷质量应符合GB 12904、GB/T 14257的规定。

5.1.4 异嗅

无异常气味。

5.2 尺寸偏差

5.2.1 膜卷尺寸偏差

膜卷尺寸偏差应符合表3规定。长度、宽度、总厚度或各层厚度由供需双方商定。

表 3 膜卷尺寸偏差

长度偏差 %	宽度偏差 mm	重复长度偏差 %	厚度偏差 %
0,+0.5	−2,+4	±0.5	±10

5.2.2 袋的尺寸偏差

袋的尺寸偏差应符合表 4 规定。长度、宽度、总厚度或各层厚度由供需双方商定。

表 4 袋的尺寸偏差

项目		偏差值
长度偏差 mm	袋长<400	±3
	袋长≥400	±5
宽度偏差 mm		±2
折边宽度偏差 %		±10
厚度偏差 %		±10
热封宽度偏差 mm	封口宽度≤5	±1
	5<封口宽度≤12	±2
	12<封口宽度≤20	±3
	20<封口宽度≤50	±4
封口与袋边的距离 mm	袋长≤150	≤3
	150<袋长≤250	≤4
	袋长>250	≤5

5.2.3 接头

接头应符合表 5 的规定。

表 5 接头

项目		要求
接头数 个/卷	膜长≤1 000 m	≤2
	膜长>1 000 m	≤3

5.2.4 膜卷筒芯尺寸及偏差

膜卷筒芯内径为 $\phi 76^{+2}_{0}$ mm 或 $\phi 152^{+2}_{0}$ mm,特殊要求由供需双方商定。

5.3 物理机械性能

5.3.1 物理性能

物理性能应符合表 6 规定。

表 6 物理性能

项 目		要 求			
		Ⅰ	Ⅱ	Ⅲ	Ⅳ
拉伸强度 MPa	纵向	≥30	≥35	≥30	≥30
	横向	≥20	≥25	≥20	≥20
剥离力(内层) N/15 mm		≥2.0			
热合强度 N/15 mm		≥10	≥10	≥10	≥5
氧气透过量 $cm^3/(m^2 \cdot 24\ h \cdot 0.1\ MPa)$		≤0.8			
水蒸气透过量 $g/(m^2 \cdot 24\ h)$		≤0.5			
摩擦系数		由供需双方确定			

5.3.2 袋的耐压性能

袋的耐压性能应符合表 7 规定。

表 7 袋的耐压性能

袋与内容物的总质量 g	负 荷 N		要 求
	三 边 封 袋	其 他 袋	
<30	100	80	无渗漏,不破袋
30～100(不含 100)	200	120	
100～400	400	200	
>400	600	300	

5.3.3 袋的跌落性能

袋的跌落性能应符合表 8 规定。

表 8 袋的跌落性能

袋与内容物总质量 g	跌落高度 mm	要　求
<100	800	不破裂
100～400	500	
>400	300	

5.4 卫生性能

卫生性能应符合 GB 9683 和 GB 9685 的规定。

5.5 溶剂残留量

溶剂残留量应符合 GB 9683 的规定。

6 试验方法

6.1 试样状态调节和试验的标准环境

按 GB/T 2918 的规定进行。

温度 23 ℃±2 ℃,相对湿度 50%±10%,状态调节时间 4 h 以上,并在此条件下进行试验。

6.2 感官

6.2.1 膜、袋的外观质量

在自然光线下目测,并用精度不低于 0.5 mm 的量具测量。

6.2.2 印刷质量

按 GB/T 7707、GB/T 17497 的规定进行。

6.2.3 条码印刷

按 GB/T 18348 的规定进行。

6.2.4 异嗅

距离测试样品小于 100 mm,进行嗅觉测试。

6.3 尺寸偏差

6.3.1 膜、袋的长度和宽度偏差按 GB/T 6673 的规定进行测量。

6.3.2 膜、袋的厚度偏差按 GB/T 6672 的规定进行测量。

6.3.3 袋的热封宽度用精度不低于 0.5 mm 的量具测量。

6.3.4 封口与袋边的距离用精度不低于 0.5 mm 的量具测量。

6.4 物理机械性能

6.4.1 拉伸强度

按 GB/T 1040.3 的规定进行。

试样采用长条形，长度为 150 mm，宽度为 15 mm，试样标距为 100 mm±1 mm，试样拉伸速度(空载)为 250 mm/min±25 mm/min。

6.4.2 剥离力

按 GB/T 8808 的规定进行。

6.4.3 热合强度

按 QB/T 2358 的规定进行。

以膜卷方式出厂的，热合条件可由供需双方商定。

6.4.4 氧气透过量

按 GB/T 1038 或 GB/T 19789 的规定进行，试验时内容物接触面朝向氧气低压侧。GB/T 19789 为仲裁方法。

6.4.5 水蒸气透过量

按 GB 1037 的规定进行。试验条件温度 38 ℃±0.6 ℃，相对湿度 90%±2%。

6.4.6 耐压性能

按照 GB/T 21302 规定进行。

6.4.7 跌落性能

按照 GB/T 21302 规定进行。

6.5 卫生性能

按 GB/T 5009.60 的规定进行。其中甲苯二胺的检测按 GB/T 5009.119 的规定进行。

6.6 溶剂残留量

按照 GB 9683 规定进行。

7 检验规则

7.1 批量

膜、袋以同一品种，同一规格，同一工艺连续生产的总量为一批。膜的最大批量不超过 500 000 m^2，袋的最大批量不超过 1 500 000 只。

7.2 抽样方法

采取随机抽样方法。在每批中抽取足够试验用的样本。

7.3 抽样方案及判定规则

7.3.1 规格尺寸、表面的外观质量分别按 GB/T 2828.1 中 IL＝Ⅱ，AQL＝6.5 正常检查二次抽样方案执行，并按表 9 判定该批产品是否合格。膜卷的单位为卷，袋的单位为只。

表 9 抽样方案和判定规则

批量	样本	样本量	累计样本量	接收数 Ac	拒收数 Re
1～15	第一 第二	2 2	2 4	0 0	1 1
16～25	第一 第二	3 3	3 6	0 1	2 2
26～50	第一 第二	5 5	5 10	0 1	2 2
51～90	第一 第二	8 8	8 16	0 3	3 4
91～150	第一 第二	13 13	13 26	1 4	3 5
151～280	第一 第二	20 20	20 40	2 6	5 7
281～500	第一 第二	32 32	32 64	3 9	6 10
501～1 200	第一 第二	50 50	50 100	5 12	9 13
1 201～3 200	第一 第二	80 80	80 160	7 18	11 19
3 201～10 000	第一 第二	125 125	125 250	11 26	16 27
10 001～35 000	第一 第二	200 200	200 400	11 26	16 27
35 001～150 000	第一 第二	315 315	315 630	11 26	16 27
150 001～500 000	第一 第二	500 500	500 1 000	11 26	16 27
≥5 000 001	第一 第二	800 800	800 1 600	11 26	16 27

7.3.2　剥离力、热合强度，采用在一批中随机抽取样本进行测试。检验结果中若有不合格项，应再从该批中抽取双倍样品复验不合格项，如仍有不合格，则该批为不合格。

7.3.3　氧气透过量、水蒸气透过量、耐压性能及跌落性能按表10进行。抽样采取在一批中随机抽取样本，检验结果若有不合格，应再从该批中抽取双倍复验，如仍有不合格，则该批为不合格。

表10　特殊检验项目及检验频率

要求条件项目	正常情况（按结构）	油墨型号改变时	树脂牌号改变时	粘合剂型号改变时	新产品、新工艺开发时
氧气透过量	1次/3个月	—	√	—	√
水蒸气透过量	1次/3个月	—	√	—	√
卫生性能	1次/6个月	√	√	√	√
注1：√代表需检测，—代表无须检测。 注2：按产品结构抽样。					

7.3.4　卫生性能的检测按表10进行，抽样采取在一批中随机抽取样本，检验结果若不合格，则该批为不合格。

7.4　出厂检验项目

对每批产品进行出厂检验，检验项目为：感官、尺寸偏差、剥离力（内层）、热合强度、溶剂残留量。可根据供需双方（或产品）需要协商选定或另外增减。

7.5　型式检验

7.5.1　型式检验项目

型式检验项目为第5章中规定的全部项目。有下列情况之一者，应进行型式检验：

a）新产品试制定型鉴定时；

b）原材料及工艺有较大改变，可能影响产品性能时；

c）出厂检验结果与上次型式检验结果有较大差异时；

d）国家质量监督机构提出要求时；

e）正常生产时，每半年进行一次。

7.5.2　特殊检验项目

特殊检验项目应符合表10的规定。

8　标志、包装、运输和贮存

8.1　标志

产品的每件包装上均应附有合格证并标明产品名称、规格、数量、质量、批号、生产日期、检验员代号、生产方名称、生产方地址、执行标准编号等。

8.2　包装

袋和膜一般采用纸箱内衬塑牛皮纸或薄膜进行包装，也可由供需双方商定。

8.3 运输

运输时应防止碰撞或接触锐利物体，轻装轻卸，同时避免日晒雨淋，保证包装完好及产品不受污染。其标志方法按照 GB/T 191 的规定进行。

8.4 贮存

产品应贮存在清洁、干燥、通风、温度适宜的库房内，避免阳光直射，距热源不小于 1 m，堆放合理，产品贮存期自生产之日起为一年。

ICS 83.140.10
G 32

中华人民共和国国家标准

GB/T 30768—2014

食品包装用纸与塑料复合膜、袋

Paper and plastics laminated films and pouches for food packaging

2014-07-08 发布　　　　2015-03-01 实施

中华人民共和国国家质量监督检验检疫总局
中国国家标准化管理委员会　发布

前　　言

本标准按照GB/T 1.1—2009给出的规则起草。

本标准由中国轻工业联合会提出。

本标准由全国食品直接接触材料及制品标准化技术委员会(SAC/TC 397)归口。

本标准起草单位:上海人民塑料印刷厂、江苏彩华包装集团公司、上海紫江彩印包装有限公司、黄山永新股份有限公司、无锡国泰彩印有限公司、中国塑料加工工业协会复合膜制品专业委员会。

本标准主要起草人:包燕敏、夏嘉良、武向宁、吴跃忠、邹景行、文秀松。

食品包装用纸与塑料复合膜、袋

1 范围

本标准规定了食品包装用纸与塑料复合膜、袋的术语、定义、缩略语和符号、分类、要求、试验方法、检验规则、标志、包装、运输和贮存。

本标准适用于厚度小于0.30 mm，以食品级包装用原纸与塑料为基材，经复合工艺生产的食品包装用纸塑复合包装材料的膜、袋。

本标准不适用于液体食品包装。

2 规范性引用文件

下列文件对于本文件的应用是必不可少的。凡是注日期的引用文件，仅注日期的版本适用于本文件。凡是不注日期的引用文件，其最新版本(包括所有的修改单)适用于本文件。

GB/T 191 包装储运图示标志

GB/T 1037 塑料薄膜和片材透水蒸气性试验方法 杯式法

GB/T 1038 塑料薄膜和薄片气体透过性试验方法 压差法

GB/T 1040.3 塑料 拉伸性能的测定 第3部分：薄膜和薄片的试验条件

GB/T 2828.1 计数抽样检验程序 第1部分：按接收质量限(AQL)检索的逐批检验抽样计划

GB/T 2918 塑料试样状态调节和试验的标准环境

GB/T 5009.60 食品包装用聚乙烯、聚苯乙烯、聚丙烯成型品卫生标准的分析方法

GB/T 5009.78 食品包装用原纸卫生标准的分析方法

GB/T 6672 塑料薄膜和薄片厚度测定 机械测量法

GB/T 6673 塑料薄膜和薄片长度和宽度的测定

GB/T 7707 凹版装潢印刷品

GB/T 8808 软质复合塑料材料剥离试验方法

GB 9683 复合食品包装袋卫生标准

GB 9685 食品容器、包装材料用添加剂使用卫生标准

GB 9687 食品包装用聚乙烯成型品卫生标准

GB 9688 食品包装用聚丙烯成型品卫生标准

GB 11680 食品包装用原纸卫生标准

GB 12904 商品条码 零售商品编码与条码表示

GB/T 14257 商品条码 条码符号放置指南

GB/T 17497(所有部分) 柔性版装潢印刷品

GB/T 18348 商品条码 条码符号印制质量的检验

GB/T 19789 包装材料 塑料薄膜和薄片氧气透过性试验 库仑计检测法

GB/T 21302 包装用复合膜、袋通则

QB/T 1130 塑料直角撕裂性能试验方法

QB/T 2358 塑料薄膜包装袋热合强度试验方法

QB/T 3007 凹版纸基装潢印刷品

3 术语、定义、缩略语和符号

3.1 术语、定义

下列术语和定义适用于本文件。

3.1.1

食品 food

固体、半固体食品。

3.1.2

搭接封合 lap sealing

材料外表面与直接接触食品的内表面相封合的方式。

3.1.3

对接封合 butt sealing

直接接触食品的材料内表面间相封合的方式。

3.2 缩略语

下列缩略语适用于本文件。

BOPA 双向拉伸聚酰胺
BOPET 双向拉伸聚对苯二甲酸乙二醇酯
BOPP 双向拉伸聚丙烯
CPP 流延聚丙烯
EAA 乙烯/丙烯酸共聚物
EEA 乙烯/丙烯酸乙酯共聚物
EMA 乙烯/甲基丙烯酸共聚物
EVA 乙烯/乙酸乙烯共聚物
EVOH 乙烯/乙烯醇共聚物
PE-HD 高密度聚乙烯
PE-LD 低密度聚乙烯
PE-LLD 线性低密度聚乙烯
PE-MD 中密度聚乙烯
PE-MLLD 茂金属线性低密度聚乙烯
PAPER 纸
PP 聚丙烯
VM-BOPP 真空镀铝双向拉伸聚丙烯
VM-BOPET 真空镀铝双向拉伸聚对苯二甲酸乙二醇酯

不在上述之列的材料可根据规范的材料名称和英文缩写。

3.3 符号

复合的符号:“/”,复合方式包括:
干式复合的符号:“/dr.”;
湿式复合的符号:“/wt.”;
挤出复合的符号:“/ex.”;
共挤出复合的符号:“/co.”;
无溶剂复合的符号“/sf.”。

4 分类

4.1 按形状分类

产品按形状分为平膜、卷膜和袋。袋的形状分为一般袋(如:背封袋、边封袋、三边封袋等)和特殊袋(如:立体袋、异形袋等)。

4.2 按材料结构分类,见表1的规定。

表 1 结构分类

种类	结构特征	材料结构示例
Ⅰ	未拉伸膜、树脂类纸可热合复合材料	PAPER/PE、PE/PAPER/PE、PAPER/PP、PP/PAPER/PP、PAPER/CPP
Ⅱ	双向拉伸膜类纸复合材料	PAPER/BOPP、PAPER/BOPET、PAPER/BOPA
Ⅲ	双向拉伸膜类纸可热合复合材料	PAPER/BOPP/PE、PAPER/BOPET/PE、PAPER/BOPA/PE、BOPP/PAPER/PE、BOPET/PAPER/PE、BOPA/PAPER/PE
Ⅳ	真空镀铝双向拉伸膜类纸复合材料	PAPER/VM-BOPP、PAPER/VM-BOPET
Ⅴ	真空镀铝双向拉伸膜类纸可热合复合材料	PAPER/VM-BOPP/PE、PAPER/VM-BOPET/PE、VM-BOPP/PAPER/PE、VM-BOPET/PAPER/PE、PE/VM-BOPP/PAPER/PE、PE/VM-BOPET/PAPER/PE
注:PE可以是改性PE,包括PE-LD、PE-LLD、PE-MD、PE-HD、PE-MLLD、EAA、EEA、EMA、EVA等		

5 要求

5.1 感官

5.1.1 外观

膜、袋的外观质量应符合表2的规定。

表 2 外观质量要求

项 目	要 求
褶皱	允许有轻微的间断褶皱,但不得多于产品表面积的5%
表面划伤、烫伤、穿孔、粘连、异物、分层、脏污	不允许
热封部位(适用于袋)	基本平整,无虚封,允许有不影响使用的气泡
膜卷松紧	搬动时不出现膜间滑动
膜卷暴筋	允许有不影响使用的轻微暴筋
膜卷端面不平整度	不大于3 mm
气泡	不明显
膜卷每卷接头数	复合卷膜长<500 m,接头数≤1;复合卷膜长≥500 m且<1 000 m,接头数≤2;复合卷膜长≥1 000 m,接头数≤3。接头应对准图案,接头处应牢固并有明显标记

5.1.2 异嗅

膜、袋不应有异常气味。

5.2 印刷

5.2.1 凹版印刷

凹版印刷质量应符合 GB/T 7707 与 QB/T 3007 的规定。

5.2.2 柔性版印刷

柔性版印刷质量应符合 GB/T 17497 的规定。

5.2.3 条形码印刷

条形码印刷质量应符合 GB 12904、GB/T 14257 的规定。

5.3 规格

5.3.1 平膜尺寸偏差

平膜的长度尺寸偏差为±3 mm,宽度尺寸偏差为±2 mm,平均厚度偏差为±10%。

5.3.2 卷膜尺寸偏差

卷膜的宽度偏差为±2 mm,厚度偏差为±10%。卷膜以长度出厂时,其长度不应出现负偏差;以质量出厂时,其质量不应出现负偏差。

5.3.3 卷膜筒芯尺寸及偏差

卷膜筒芯内径为 $\phi 76^{+2}_{0}$ mm 或 $\phi 152^{+2}_{0}$ mm,特殊要求由供需双方商定。

5.3.4 袋的尺寸偏差

袋的尺寸偏差应符合表 3 的规定。

表 3 袋的尺寸偏差

袋的长度 mm	长度偏差 mm	宽度偏差 mm	封口宽度偏差 %	封口与袋边距离 mm
<100	±3	±2	±20	≤4
100～400	±4	±4	±20	≤5
>400	±6	±6	±20	≤6
注:袋的平均厚度偏差为±10%。				

5.4 内层塑料膜定量

内层塑料膜定量应不小于 18 g/m^2。

5.5 物理力学性能

5.5.1 物理力学性能应符合表 4 的规定。

表 4　物理力学性能

项目	要　求				
	Ⅰ	Ⅱ	Ⅲ	Ⅳ	Ⅴ
拉伸强度 MPa	纵向≥20 横向≥15	纵向≥30 横向≥25	纵向≥30 横向≥25	纵向≥30 横向≥25	纵向≥30 横向≥25
直角撕裂负荷 N	纵向≥4.0 横向≥3.0	纵向≥8.0 横向≥6.0	纵向≥8.0 横向≥6.0	纵向≥8.0 横向≥6.0	纵向≥8.0 横向≥6.0
剥离强度 N/15 mm	外层≥0.7 内层≥0.7	≥1.0	外层≥1.0 内层≥0.7	≥1.0	外层≥1.0 内层≥0.7
塑料与纸的粘结度 %	≥70				
热合强度 N/15 mm	搭接≥10 对接≥6	—	对接≥6	—	搭接≥12 对接≥6
注 1：热合强度只适用于可热封材料。 注 2：表面摩擦系数、表面润湿张力或有其他特殊要求，由供需双方商定。					

5.5.2　氧气、水蒸气阻隔性能

氧气、水蒸气阻隔性能应符合表 5 的规定。

5.5.3　袋的耐压性能

袋的耐压性能应符合表 6 的规定。

表 5　氧气、水蒸气阻隔性能要求

项目	要　求				
	Ⅰ	Ⅱ	Ⅲ	Ⅳ	Ⅴ
氧气透过量 $cm^3/(m^2 \cdot 24\ h \cdot 0.1\ MPa)$	—	—	—	≤12	≤12
水蒸气透过量 $g/(m^2 \cdot 24\ h)$	≤25	≤25	≤15	≤10	≤10
注：第Ⅰ、Ⅱ、Ⅲ类产品的氧气阻隔性能根据供需双方商定。					

表 6　袋的耐压性能

袋与内容物总质量 g	负荷 N		要求
	三边封	其他袋	
≤30	100	80	无渗漏、不破裂
31～100	200	120	
101～400	400	200	
>400	600	300	

5.5.4 袋的跌落性能

袋的跌落性能应符合表7的规定。

表7 袋的跌落性能

袋与内容物总质量 g	跌落高度 mm	要求
<100	800	不破裂
100～400	500	
>400	300	

5.6 卫生性能

5.6.1 复合材料使用的原纸板的卫生性能应符合GB 11680的规定。

5.6.2 非印刷产品膜、袋(直接接触食品的材料为PE)的卫生性能应符合GB 9687和GB 9685的规定。

5.6.3 非印刷产品膜、袋(直接接触食品的材料为PP)的卫生性能应符合GB 9688和GB 9685的规定。

5.6.4 膜、袋的卫生性能应符合GB 9683的规定。

5.6.5 溶剂残留量应符合GB 9683的规定。

6 试验方法

6.1 试样状态调节和试验的标准环境

按GB/T 2918的规定进行。

温度(23±2)℃,相对湿度为(50±10)%,状态调节时间不小于4 h,并在此条件下进行试验。

6.2 感官

6.2.1 膜、袋的外观质量

在自然光线下目测,并用精度不低于0.5 mm的量具测量。

6.2.2 异嗅

距离测试样品小于100 mm,进行嗅觉测试。

6.3 印刷质量

6.3.1 凹版印刷质量

按GB/T 7707与QB/T 3007规定的方法进行。

6.3.2 柔性版印刷质量

按GB/T 17497规定的方法进行。

6.3.3 条码印刷质量

商品条码按照GB/T 18348规定的方法进行。

6.4 尺寸偏差

6.4.1 膜、袋的长度和宽度偏差按 GB/T 6673 的规定进行测量。

6.4.2 膜、袋的厚度偏差按 GB/T 6672 的规定进行测量。

6.4.3 袋的热封宽度用精度不低于 0.5 mm 的量具测量。

6.4.4 袋口与袋边的距离用精度不低于 0.5 mm 的量具测量。

6.5 内层塑料膜定量检验

内层塑料膜定量按附录 A 规定进行检验。

6.6 物理力学性能

6.6.1 拉伸强度

按 GB/T 1040.3 的规定进行。

试样采用长条形,长度为 150 mm,宽度为 15 mm,标距为(100±1)mm,试样拉伸速度(空载)为(250±25)mm/min。

6.6.2 直角撕裂性能

按 QB/T 1130 的规定进行。

6.6.3 剥离强度

按 GB/T 8808 的规定进行。

6.6.4 粘结度

塑料与纸的粘结度按附录 B 的规定进行。

6.6.5 热合强度

按 QB/T 2358 的规定进行。

以卷膜方式出厂的,热封方法、条件由供需双方商定。

6.6.6 氧气透过量

按 GB/T 1038 或 GB/T 19789 的规定进行。试验时内容物接触面朝向氧气低压侧。仲裁按 GB/T 1038 的规定进行。

6.6.7 水蒸气透过量

按 GB/T 1037 的规定进行。试样条件温度(38±0.6)℃,相对湿度(90±2)%。试验时将热封面朝向湿度低的一侧。

6.6.8 袋的耐压性能

按 GB/T 21302 的规定进行。

6.6.9 袋的跌落性能

按 GB/T 21302 的规定进行。

6.6.10 溶剂残留量

按 GB 9683 的规定进行。

6.7 卫生性能

按 GB/T 5009.60 的规定进行。复合材料使用的原纸板的卫生指标按 GB/T 5009.78 规定进行检验。

7 检验规则

7.1 批量

膜、袋以同一产品，同一规格，连续生产的量为一批。膜的最大批量应不超过 1 000 卷，袋的最大批量应不超过 1 000 箱。

7.2 抽样方法

7.2.1 采用随机抽样方法。
7.2.2 对于膜卷样本，脱去外包装后，去除外面 3 层，从第 4 层开始抽取 2 m 作为检验样本。
7.2.3 对于袋子样本，打开包装箱后随机抽取 1 只袋子作为检验样本。

7.3 抽样方案及判定规则

7.3.1 规格尺寸、表面的外观质量分别按 GB/T 2828.1 中 IL＝Ⅱ，AQL＝6.5 正常检查二次抽样方案执行，并按表 8 判定该批产品是否合格。

表 8 抽样方案和判定规则

批量	样本	样本量	累计样本量	接收数 Ac	拒收数 Re
1～15	第一	2	2	0	1
	第二	2	4	0	1
16～25	第一	3	3	0	2
	第二	3	6	1	2
26～50	第一	5	5	0	2
	第二	5	10	1	2
51～90	第一	8	8	0	3
	第二	8	16	3	4
91～150	第一	13	13	1	3
	第二	13	26	4	5
151～280	第一	20	20	2	5
	第二	20	40	6	7
281～500	第一	32	32	3	6
	第二	32	64	9	10
501～1 200	第一	50	50	5	9
	第二	50	100	12	13

7.3.2 剥离力、热合强度，采用在一批中随机抽样一次进行。检验结果中若有不合格项，应再从该批中抽取双倍样品复验不合格项，如仍有不合格，则该批为不合格。

7.3.3 氧气透过量，水蒸气透过量，耐压性能及跌落性能按表9进行。抽样采取在一批中随机抽样一次进行，检验结果若有不合格，应再从该批中抽取双倍复验，如仍有不合格，则该批为不合格。

表9 部分型式检验项目及检验频次

项目	正常情况（按结构）	油墨型号改变时	材料牌号改变时	粘合剂型号改变时	新产品、新工艺开发时
氧气透过量	1次/3个月	—	√	—	√
水蒸气透过量	1次/3个月	—	√	—	√
卫生性能	1次/6个月	√	√	√	√

注1：“√”代表需检测，“—”代表无需检测。
注2：按产品结构抽样。

7.3.4 卫生性能的检验按表9进行，抽样采取在一批中随机抽样一次进行，检验结果若不合格，则该批为不合格。

7.4 出厂检验项目

对每批产品进行出厂检验，检验项目为：5.1，5.3，5.5.1中的剥离强度、热合强度，5.6.5。

7.5 特殊检验

以上各抽样方案或判定规则，可根据供需双方需要协商选定或另外增减。

7.6 型式检验

型式检验项目为要求中规定的全部项目。部分型式检验项目和检验频次应符合表9的规定。

有下列情况之一者，应进行型式检验：

a) 新产品试制定型鉴定时；
b) 原材料及工艺有较大改变，可能影响产品性能时；
c) 出厂检验结果与上次型式检验结果有较大差异时；
d) 国家质量监督机构提出要求时；
e) 正常生产时，每半年进行一次。

8 标志、包装、运输和贮存

8.1 标志

8.1.1 产品内、外包装上均应有合格证；外箱合格证贴在箱外，纸箱上应印有防雨、向上、易碎以及生产单位名称、地址、电话等标志。

8.1.2 合格证标志上应包括以下内容：产品名称、产品规格、批号、数量、重量、生产日期、工号、装箱数量、检验员章、产品生产单位的名称。

8.1.3 包装标志应符合GB/T 191的有关规定。

8.2 包装

内包装应使用食品包装用塑料薄膜或纸，外包装使用瓦楞纸板箱等，箱外用封箱胶带、打包带封箱。

客户如有特殊要求,按客户要求包装。

8.3 运输

运输中应防止碰撞和接触锐利物体,轻装轻卸,避免日晒、雨淋,保证包装完好及产品不受污染。

8.4 贮存

产品应贮存于清洁、干燥、通风、温度适宜的库房内,避免阳光直射,距热源不小于 1 m,堆放合理,产品保质期自生产之日起为 1 年。

附 录 A
(规范性附录)
内层塑料膜定量的检验方法

A.1 检验设备和试剂

精度 0.001 g 的天平,1∶1 甲苯与乙醇的混合液,恒温水浴槽。

A.2 检验条件

用恒温水浴槽将甲苯与乙醇的混合液加温到 60 ℃±5 ℃。

A.3 检验步骤

A.3.1 以卷筒形式供应的材料:用圆刀在试样上割取面积为 50 cm^2 或 100 cm^2 的试样 3 个;以单个产品形式供应的材料:根据尺寸大小割取面积为 50 cm^2 或 100 cm^2 的试样 3 个。

A.3.2 将试样放入甲苯和乙醇的混合液中浸泡 10 min,轻轻将内层塑料膜分离掉,然后放置 120 min。

A.3.3 将 3 个试样分别在天平上称重,换算为 g/m^2(为内层塑料膜的定量),以 3 个试样的平均值表示结果,精确到小数点后 1 位。

附　录　B
（规范性附录）
塑料与纸粘结度的试验方法

B.1　范围

本附录仅适用于由塑料和纸张复合而成的材料。

B.2　试验步骤

B.2.1　沿样品横向均匀裁取试样 5 条，宽度 15.0 mm±1 mm，长度 150 mm±50 mm，复合方向为纵向。

B.2.2　沿试样长度将塑料与纸复合层剥开，目视暴露的复合表层，判断塑料表面上粘有纸纤维的面积百分率，以较差的结果为准。

ICS 55.040
Y 31

中华人民共和国国家标准

GB/T 31122—2014

液体食品包装用纸板

Liquid packaging base card board

2014-09-03 发布　　　　2015-02-01 实施

中华人民共和国国家质量监督检验检疫总局
中国国家标准化管理委员会　发布

前　言

本标准按照 GB/T 1.1—2009 给出的规则起草。

本标准由中国轻工业联合会提出。

本标准由全国造纸工业标准化技术委员会(SAC/TC 141)归口。

本标准起草单位:山东太阳纸业股份有限公司、万国纸业太阳白卡纸有限公司、中国制浆造纸研究院。

本标准主要起草人:牛丽、李树伦、布宁、邱小艳。

液体食品包装用纸板

1 范围

本标准规定了液体食品包装用纸板的产品分类、技术要求、试验方法、检验规则及标志、包装、运输、贮存。

本标准适用于制作液体食品包装用纸板。

2 规范性引用文件

下列文件对于本文件的应用是必不可少的。凡是注日期的引用文件,仅注日期的版本适用于本文件。凡是不注日期的引用文件,其最新版本(包括所有的修改单)适用于本文件。

GB/T 147 印刷、书写和绘图用原纸尺寸

GB/T 450 纸和纸板 试样的采取及试样纵横向、正反面的测定

GB/T 451.1 纸和纸板尺寸及偏斜度的测定

GB/T 451.2 纸和纸板定量的测定

GB/T 451.3 纸和纸板厚度的测定

GB/T 456 纸和纸板平滑度的测定(别克法)

GB/T 457—2008 纸和纸板 耐折度的测定

GB/T 462 纸、纸板和纸浆 分析试样水分的测定

GB/T 1540 纸和纸板吸水性的测定 可勃法

GB/T 1541—1989 纸和纸板 尘埃度的测定法

GB/T 2828.1 计数抽样检验程序 第1部分:按接收质量限(AQL)检索的逐批检验抽样计划

GB/T 7974 纸、纸板和纸浆 蓝光漫反射因数D65亮度的测定(漫射/垂直法,室外日光条件)

GB/T 8941 纸和纸板 镜面光泽度的测定

GB/T 10342 纸张的包装和标志

GB/T 10739 纸、纸板和纸浆试样处理和试验的标准大气条件

GB 11680 食品包装用原纸卫生标准

GB/T 22363—2008 纸和纸板 粗糙度的测定(空气泄漏法) 本特生法和印刷表面法

GB/T 22364—2008 纸和纸板 弯曲挺度的测定

GB/T 26203 纸和纸板 内结合强度的测定(Scott型)

GB/T 24996 纸张中脱墨回用纤维的判定

3 产品分类

液体食品包装用纸板按质量分为优等品和合格品。

4 技术要求

4.1 技术指标

液体食品包装用纸板的技术指标应符合表1的规定,或按合同的规定。

表 1

指标名称		优等品	合格品
定量/(g/m²)		193±8.0 200±8.0 210±8.0 215±8.0 220±8.0 250±8.0 270±8.0 285±8.0 290±10.0 317±10.0	
横幅定量差/(g/m²) ≤	≤250 g/m²	8.0	
	>250 g/m²	10.0	
紧度/(g/cm³) ≥		0.73	
横幅厚度差/% ≤		4.0	4.5
光泽度（正面)/光泽度单位 ≥		35	
平滑度（正面)/s ≥		100	
亮度(正面)/% ≥		76.0	
印刷表面粗糙度(正面)/μm ≤		2.00	2.50
表面吸水性(正反面均)/(g/m²) ≤		35.0	
内结合强度/(J/m²) ≥		150	
耐折度(横向)/次 ≥		50	
边渗水/(kg/m²) ≤		1.00	1.20
挺度(泰伯)(CD/MD) mN·m ≥	定量(g/m²)		
	193	1.50/4.50	1.40/4.00
	200	1.60/4.90	1.45/4.40
	210	1.65/5.10	1.50/4.60
	215	1.70/5.20	1.80/5.40
	220	1.80/5.40	1.60/4.90
	250	3.00/8.20	2.70/7.35
	270	3.50/9.00	3.15/8.10
	285	4.10/10.8	3.70/9.70
	290	4.30/11.8	3.90/10.60
	317	5.90/14.6	5.30/13.10
尘埃度/(个/m²)	(0.3～1.5)mm≤	10	
	≥1.5 mm²	不应有	
交货水分/%		7.0±2.0	

4.2 尺寸偏差

液体食品包装用纸板为卷筒纸，原纸尺寸应符合 GB/T 147 的规定或订货合同的规定，其尺寸偏差应不超过$^{+4}_{-1}$mm。

4.3 外观

4.3.1 纸面应平整，厚薄应一致。纸面不应有异物，且不应有明显翘曲、条痕、折子、破损、斑点、硬质块等外观缺陷。

4.3.2 纸面应均匀，不应有掉粉、脱皮及在不受外力作用下的分层现象。

4.4 卫生指标

卫生指标应符合 GB 11680 的规定。

4.5 原材料

液体食品包装用纸板生产过程中不应使用回收原材料。

5 试验方法

5.1 试样的采取按 GB/T 450 进行。

5.2 试样的处理和标准大气条件按 GB/T 10739 进行。

5.3 尺寸、偏斜度按 GB/T 451.1 进行测定。

5.4 定量和横幅定量差按 GB/T 451.2 进行测定。

5.5 紧度和横幅厚度差按 GB/T 451.3 进行测定。

5.6 平滑度按 GB/T 456 进行测定。

5.7 亮度按 GB/T 7974 进行测定。

5.8 表面吸水性按 GB/T 1540 进行测定，吸水时间为 2 min。

5.9 挺度(泰伯)按 GB/T 22364—2008 中静态弯曲法进行测定。

5.10 印刷表面粗糙度按 GB/T 22363—2008 中印刷表面法进行，以 980 kPa 的压力、硬垫进行测定。

5.11 尘埃度按 GB/T 1541 进行测定，当出现大于等于 1.5 mm^2 的尘埃时，测定面积应至少为 5 m^2。

5.12 交货水分按 GB/T 462 进行测定。

5.13 光泽度按 GB/T 8941 进行测定。

5.14 边渗水按如下方法进行测定：裁取 100 mm×100 mm 的试样，测定其厚度(μm)，计算平均厚度 D。然后用透明胶带将其正反面完全粘牢并用测定表面吸水性的质量为 10 kg±0.5 kg 的金属压辊压平。裁取该试样 75 mm(纵向)×25 mm(横向)，称重 G_1(g)，做边渗水试验。将取好的试样放入 70 ℃±1 ℃的蒸馏水中浸泡 10 min 取出，用滤纸擦干试样表面的水分，称重 G_2(g)。边渗水单位为千克每平方米(kg/m^2)按式(1)计算。

$$边渗水=\frac{(G_2-G_1)}{(S\times D)\times 10^{-6}} \quad \cdots\cdots(1)$$

式中：

G_2——浸泡后用滤纸擦干试样表面水分后的质量，单位为克(g)；

G_1——裁取试样的质量，单位为克(g)；

S——裁取试样的周长，单位为毫米(mm)；

D——裁取试样的平均厚度，单位为微米(μm)。

5.15 内结合强度按 GB/T 26203 进行测定。

5.16 耐折度按 GB/T 457—2008 中 MIT 法进行测定。

5.17 外观检验采用目测。

5.18 液体食品包装用纸板中是否含有回用纤维按 GB/T 24996 进行判定。

6 检验规则

6.1 以一次交货为一批，每批应不多于 30 t。

6.2 生产方应保证生产的纸张符合本标准或订货合同的规定，每卷纸板交货时应附有一张产品合格证。

6.3 计数抽样检验程序按 GB/T 2828.1 进行，样本单位为卷。接收质量限（AQL）：挺度、边渗水，AQL＝4.0，定量、横幅定量差、紧度、横幅厚度差、平滑度、亮度、光泽度、印刷表面粗糙度、表面吸水性、耐折度、尘埃度、内结合强度、水分、尺寸偏差及各项外观指标，AQL＝6.5。采用正常检验二次抽样方案，检查水平为特殊检查水平 S-2，见表 2。

6.4 可接收性的确定：第一次检验的样品量应等于该方案给出的第一样本量。如果第一样本中发现的不合格品数小于或等于第一接收数，应认为该批是可接收的；如果第一样本中发现的不合格品数大于或等于第一拒收数，应认为该批是不可接收的。如果第一样本中发现的不合格品数介于第一接收数与第一拒收数之间，应检验由方案给出样本量的第二样本并累计在第一样本和第二样本中发现的不合格品数。如果不合格品累计数小于或等于第二接收数，则判定该批是可接收的；如果不合格品累计数大于或等于第二拒收数，则判定该批是不可接收的。

6.5 需方有权检查该批纸板的质量是否符合本标准或订货合同的规定。检验时应先检查外部包装，然后从中取样进行检验。如果检验结果与标准或订货合同不符，需方应在到货后三个月内或按订货合同规定通知供方共同取样复验，如仍不符合本标准或订货合同的规定，则判为批不合格，由供方负责处理；如符合本标准或订货合同的规定，则判为批合格，由需方负责处理。

6.6 卫生指标和原材料中如有一项不合格则判为批不合格。

表 2

批量/卷	抽样方案				
	正常检验二次抽样方案　特殊检验水平 S-2				
	样本量	AQL＝4.0		AQL＝6.5	
		Ac	Re	Ac	Re
2～150	3	0	1	—	—
	2	—	—	0	1
151～500	3	0	1	—	—
	5	—	—	0	2
	5(10)	—	—	1	2

7 标志、包装、运输、贮存

7.1 在每卷纸板上应贴上合格证，其内容包括：产品名称、厂名、厂址、定量、等级、规格、净重、生产日期、商标、本标准编号。

7.2 液体食品包装用纸板按 GB/T 10342 中卷筒纸的包装规定进行包装，第二层包装材料应采用符合食品包装用的防潮纸或塑料膜等防潮材料。也可按照合同的规定进行包装和标志。

7.3　运输时应使用有篷而洁净的运输工具。

7.4　装卸时不应钩吊，不应将纸板从高处扔下。

7.5　液体食品包装用纸板应妥善贮存于无污染、具有防潮防水的环境中。

ICS 85.060
Y 31

中华人民共和国国家标准

GB/T 31123—2014

固体食品包装用纸板

Paperboard for solid food packaging

2014-09-03 发布　　2015-02-01 实施

中华人民共和国国家质量监督检验检疫总局
中国国家标准化管理委员会　发布

前　言

本标准按照 GB/T 1.1—2009 给出的规则起草。

本标准由中国轻工业联合会提出。

本标准由全国食品直接接触材料标准化技术委员会纸制品分技术委员会(SAC/TC 397/SC 3)归口。

本标准起草单位:金奉源纸业(上海)有限公司、中国制浆造纸研究院、中冶美利浆纸有限公司、珠海经济特区红塔仁恒纸业有限公司。

本标准主要起草人:崔立国、高凤娟、韩志诚、孟进福、仇如全。

固体食品包装用纸板

1 范围

本标准规定了固体食品包装用纸板的产品分类、技术要求、试验方法、检验规则及标志、包装、运输、贮存。

本标准适用于与食品直接接触的固体食品用包装纸板，不适用于冷冻食品包装用纸板、食品包装用瓦楞纸板、淋膜纸板。

2 规范性引用文件

下列文件对于本文件的应用是必不可少的。凡是注日期的引用文件，仅注日期的版本适用于本文件。凡是不注日期的引用文件，其最新版本(包括所有的修改单)适用于本文件。

GB/T 147 印刷、书写和绘图用原纸尺寸

GB/T 450 纸和纸板 试样的采取及试样纵横向、正反面的测定

GB/T 451.1 纸和纸板尺寸及偏斜度的测定

GB/T 451.2 纸和纸板定量的测定

GB/T 451.3 纸和纸板厚度的测定

GB/T 456 纸和纸板平滑度的测定(别克法)

GB/T 457—2008 纸和纸板 耐折度的测定

GB/T 462 纸、纸板和纸浆 分析试样水分的测定

GB/T 1540 纸和纸板吸水性的测定 可勃法

GB/T 1541—2013 纸和纸板尘埃度的测定法

GB/T 2828.1 计数抽样检验程序 第1部分：按接收质量限(AQL)检索的逐批检验抽样计划

GB/T 5009.78 食品包装用原纸卫生标准的分析方法

GB/T 7974 纸、纸板和纸浆 蓝光漫反射因数D65亮度的测定(漫射/垂直法，室外日光条件)

GB/T 7975 纸和纸板 颜色的测定(漫反射法)

GB 9685 食品容器、包装材料用添加剂使用卫生标准

GB/T 10342—2002 纸张的包装和标志

GB/T 10739 纸、纸板和纸浆试样处理和试验的标准大气条件

GB 11680 食品包装用原纸卫生标准

GB/T 22363—2008 纸和纸板 粗糙度的测定(空气泄漏法) 本特生法和印刷表面法

GB/T 22364—2008 纸和纸板 弯曲挺度的测定

GB/T 22805.2 纸和纸板 耐脂度的测定 第2部分：表面排斥法

GB/T 26203 纸和纸板 内结合强度的测定(Scott型)

3 产品分类

固体食品包装用纸板分为涂布、非涂布两种类型，按防油性能分为普通型、防油型，按质量分为优等品、一等品和合格品三个等级。

4 技术要求

4.1 技术指标

固体食品包装用纸板的技术指标应符合表 1 或订货合同的规定。

表 1

指标名称		规定		
		优等品	一等品	合格品
定量[a]/(g/m^2)		180 200 220 240 260 280 300 330 360 400		
定量偏差/%		±3	±4	±5
横幅定量差/% ≤		2.5	3.5	5.0
紧度/(g/cm^3)		0.60～0.85		
亮度(白度)/% ≤		85.0		
平滑度[b](正面/反面)/s ≥		10/5		
印刷表面粗糙度[c](正面)/μm ≤		1.80		
表面吸水性(正面/反面)/(g/m^2) ≤		40.0/60.0		
耐折度(横向)/次 ≥		70	50	30
内结合强度(纵横向均)/(J/m^2) ≥		150	120	100
耐脂度[d] ≥		5		
尘埃度/(个/ m^2)	$0.2\ mm^2 \sim 1.0\ mm^2$ ≤	12	20	40
	$>1.0\ mm^2, \leq 2.0\ mm^2$ ≤	不应有	2	4
	$>2.0\ mm^2$	不应有	不应有	不应有
交货水分/%		7.0±2.0		
挺度(纵向/横向)/(mN·m) ≥	180 g/m^2	4.00/2.00	3.00/1.50	2.60/1.30
	200 g/m^2	5.00/2.50	4.40/2.20	4.00/2.00
	220 g/m^2	6.40/3.20	5.80/2.90	5.40/2.70
	240 g/m^2	8.00/4.00	7.20/3.60	6.80/3.40
	260 g/m^2	11.00/5.50	10.00/5.00	9.00/4.50
	280 g/m^2	14.00/7.00	12.00/6.00	11.00/5.00
	300 g/m^2	16.00/8.00	14.00/7.00	13.00/6.50
	350 g/m^2	22.00/11.00	20.00/10.00	19.00/9.50
	400 g/m^2	30.00/15.00	28.00/14.00	26.0/13.00

[a] 按合同规定也可生产其他定量的固体食品包装用纸板，强度指标可按插入法计算。

[b] 仅非涂布产品考核平滑度。

[c] 仅涂布产品考核印刷表面粗糙度。

[d] 仅防油型产品考核耐脂度。

4.2 尺寸偏差

固体食品包装用纸板为平板纸或卷筒纸，尺寸应符合 GB/T 147 或订货合同的规定，其尺寸偏差应不超过$^{+3}_{-1}$mm，平板纸偏斜度应不超过 3 mm。

4.3 外观

4.3.1 固体食品包装用纸板纸面应平整，厚薄应一致。切边应整齐洁净，不应有明显翘曲、条痕、折子、破损、斑点、硬质块、毛边、裂口等外观缺陷。

4.3.2 固体食品包装用纸板纸面应均匀，不应有掉粉、脱皮及在不受外力作用下的分层现象。每卷纸的接头数不应多于 2 个，接头要牢固、平整，不应粘连上下层，且接头处应有明显标识。

4.3.3 固体食品包装用纸板纸面不应有异物，同批纸色差 ΔE^* 应不超过 1.5。

4.4 卫生指标

固体食品包装用纸板卫生指标应符合 GB 11680 的规定。

4.5 原材料

4.5.1 固体食品包装用纸板不应使用回用原料及有毒有害物质。

4.5.2 固体食品包装用纸板所使用的添加剂应符合 GB 9685 的规定。

5 试验方法

5.1 试样的采取按 GB/T 450 的规定进行。

5.2 试样的处理和测试条件按 GB/T 10739 的规定进行。

5.3 定量和横幅定量差按 GB/T 451.2 测定。

5.4 尺寸、偏斜度按 GB/T 451.1 测定。

5.5 紧度按 GB/T 451.3 测定。

5.6 亮度(白度)按 GB/T 7974 测定。

5.7 平滑度按 GB/T 456 测定。

5.8 印刷表面粗糙度按 GB/T 22363—2008 中印刷表面法测定，采用硬垫，压力 981 kPa。

5.9 表面吸水性按 GB/T 1540 测定，吸水时间为 60 s。

5.10 耐折度按 GB/T 457—2008 中 MIT 法测定。

5.11 内结合强度按 GB/T 26203 测定。

5.12 耐脂度按 GB/T 22805.2 测定。

5.13 尘埃度按 GB/T 1541—2013 测定。

5.14 交货水分按 GB/T 462 测定。

5.15 挺度按 GB/T 22364—2008 中静态弯曲法测定。

5.16 色差按 GB/T 7975 测定。

5.17 卫生指标按 GB 5009.78 测定。

5.18 外观采用目测检验。

6 检验规则

6.1 以一次交货为一批，但应不多于 30 t。

6.2 生产单位应保证产品符合本标准或合同规定，每件纸板交货时应附有一张产品合格证。

6.3 计数抽样检验程序按 GB/T 2828.1 进行，样本单位为卷。接收质量限(AQL)：挺度 AQL 为 4.0，定量、横幅定量差、定量偏差、紧度、平滑度、印刷表面粗糙度、亮度(白度)、表面吸水性、耐折度、耐脂度、尘埃度、内结合强度、交货水分、尺寸及各项外观指标 AQL 为 6.5。采用正常检验二次抽样方案，检查水平为特殊检查水平 S-2，见表 2。

表 2

<table>
<tr><th rowspan="4">批量/卷</th><th colspan="5">抽样方案</th></tr>
<tr><th colspan="5">正常检验二次抽样方案　特殊检验水平 S-2</th></tr>
<tr><th rowspan="2">样本量</th><th colspan="2">AQL=4.0</th><th colspan="2">AQL=6.5</th></tr>
<tr><th>Ac</th><th>Re</th><th>Ac</th><th>Re</th></tr>
<tr><td rowspan="2">2～150</td><td>3</td><td>0</td><td>1</td><td>—</td><td>—</td></tr>
<tr><td>2</td><td>—</td><td>—</td><td>0</td><td>1</td></tr>
<tr><td rowspan="3">151～500</td><td>3</td><td>0</td><td>1</td><td>—</td><td>—</td></tr>
<tr><td>5</td><td>—</td><td>—</td><td>0</td><td>2</td></tr>
<tr><td>5(10)</td><td>—</td><td>—</td><td>1</td><td>2</td></tr>
</table>

6.4 可接收性的确定：第一次检验的样品量应等于该方案给出的第一样本量。如果第一样本中发现的不合格品数小于或等于第一接收数，应认为该批是可接收的；如果第一样本中发现的不合格品数大于或等于第一拒收数，应认为该批是不可接收的。如果第一样本中发现的不合格品数介于第一接收数与第一拒收数之间，应检验由方案给出样本量的第二样本并累计在第一样本和第二样本中发现的不合格品数。如果不合格品累计数小于或等于第二接收数，则判定该批是可接收的；如果不合格品累计数大于或等于第二拒收数，则判定该批是不可接收的。

6.5 需方有权按本标准或订货合同检验产品，如对产品质量有异议，应在到货后三个月内(或按订货合同规定)通知对方，由供需双方共同抽样检验。如果检验结果不符合本标准或订货合同的规定，则判定该批不可接收，由供方负责处理；如果检验结果符合本标准或订货合同的要求，则判定该批可接收，由需方负责处理。

6.6 卫生指标如有一项不合格，产品则判为批不合格。

6.7 如固体食品包装纸板使用的原料和添加剂不符合本标准 4.5 的规定，则判定该批不可接收。

7 标志、包装、运输、贮存

7.1 固体食品包装用纸板在每卷纸板上应贴上合格证，其内容包括：产品名称、厂名、厂址、定量、等级、规格、净重、生产日期、保质期、本标准编号。

7.2 固体食品包装用纸板按 GB/T 10342 中卷筒纸的包装规定进行包装，第二层包装材料应采用符合食品包装用的防潮纸或塑料膜等防潮材料。也可按照合同的规定进行包装和标志。

7.3 固体食品包装用纸板搬运、装卸时不应钩吊、平铲，不应将纸板从高处扔下。

7.4 固体食品包装用纸板运输时应使用有篷而洁净的运输工具，不应与有污染性的物质如油、肉、酸、碱及易燃物品混放。

7.5　固体食品包装用纸板应妥善贮存于无污染、具有防潮防水的环境中。

7.6　生产、经营、使用单位在生产、加工、运输、贮存、使用过程中都应严防有毒有害物品和重金属等污染。

三、试验方法标准

ICS 67.040
C 53

中华人民共和国国家标准

GB/T 5009.58—2003
代替 GB/T 5009.58—1996

食品包装用聚乙烯树脂卫生标准的分析方法

Method for analysis of hygienic standard of polyethylene resin for food packaging

2003-08-11 发布　　　　2004-01-01 实施

中华人民共和国卫生部
中国国家标准化管理委员会　发布

前　言

本标准代替 GB/T 5009.58—1996《食品包装用聚乙烯树脂卫生标准的分析方法》。

本标准与 GB/T 5009.58—1996 相比主要修改如下：

——按照 GB/T 20001.4—2001《标准编写规则　第 4 部分：化学分析方法》对原标准的结构进行了修改。

本标准由中华人民共和国卫生部提出并归口。

本标准由上海市卫生防疫站负责起草。

本标准于 1985 年首次发布，1996 年第一次修订，本次为第二次修订。

食品包装用聚乙烯树脂卫生标准的分析方法

1 范围

本标准规定了制作食具、食品容器和食品用包装薄膜或其他食品用工具的聚乙烯树脂原料的各项卫生指标的测定方法。

本标准适用于制作食具、容器及食品用包装薄膜或其他食品用工具的聚乙烯树脂原料的各项卫生指标的测定。

2 取样方法

每批按包数的10%取样，小批时不得少于3包。从选出的包数中，用取样针等取样工具伸入每包深度的3/4处取样，取出试样的总量不少于2 kg，将此试样迅速混匀，用四分法缩分为每份500 g，装于两个清洁、干燥的250 mL玻塞磨口广口瓶中，瓶上粘贴标签，注明生产厂名称、产品名称、批号及取样日期，一瓶送化验室分析，一瓶密封保存两个月，以备作仲裁分析用。

3 干燥失重

3.1 原理

试样于90℃～95℃干燥失去的质量即为干燥失重，表示挥发性物质存在情况。

3.2 分析步骤

称取5.00 g～10.00 g试样，放于已恒量的扁称量瓶中，厚度不超过5 mm，然后于90℃～95℃干燥2 h，在干燥器中放置30 min后称量，干燥失重不得超过0.15 g/100 g。

3.3 结果计算

见式(1)。

$$X = \frac{m_1 - m_2}{m_3} \times 100 \quad \cdots\cdots\cdots\cdots(1)$$

式中：

X ——试样的干燥失重，单位为克每百克(g/100g)；

m_1 ——试样加称量瓶的质量，单位为克(g)；

m_2 ——试样加称量瓶恒量后的质量，单位为克(g)；

m_3 ——试样质量，单位为克(g)。

计算结果保留三位有效数字。

3.4 精密度

在重复性条件下获得的两次独立测定结果的绝对差值不得超过算术平均值的20%。

4 灼烧残渣

4.1 原理

试样经800℃灼烧后的残渣，表示无机物污染情况。

4.2 分析步骤

称取5.0 g～10.0 g试样，放于已在800℃灼烧至恒量的坩埚中，先小心炭化，再放于800℃高温炉内灼烧2 h，冷后取出，放干燥器内冷却30 min，称量，再放进马弗炉内，于80℃灼烧30 min，冷却称量，直至两次称量之差不超过 2.0 mg。

4.3 结果计算

见式(2)。

$$X = \frac{m_1 - m_2}{m_3} \times 100 \quad \cdots\cdots(2)$$

式中：

X ——试样的灼烧残渣，单位为克每百克(g/100g)；

m_1 ——坩埚加残渣质量，单位为克(g)；

m_2 ——空坩埚质量，单位为克(g)；

m_3 ——试样质量，单位为克(g)。

计算结果保留三位有效数字。

4.4 精密度

在重复性条件下获得的两次独立测定结果的绝对差值不得超过算术平均值的 20%。

5 正己烷提取物

5.1 原理

试样经正己烷提取的物质，表示能被油脂浸出的物质。

5.2 仪器

5.2.1 250 mL 全玻璃回流冷凝器。

5.2.2 浓缩器。

5.3 分析步骤

称取约 1.00 g～2.00 g 试样(50 粒～100 粒左右)于 250 mL 回流冷凝器的烧瓶中，加 100 mL 正己烷，接好冷凝管，于水浴中加热回流 2 h，立即用快速定性滤纸过滤，用少量正己烷洗涤滤器及试样，洗液与滤液合并。将正己烷放入已恒量的浓缩器的小瓶中，浓缩并回收正己烷，残渣于 100℃～105℃ 干燥 2 h，在干燥器中冷却 30 min，称量。正己烷提取物不得超过 2%。

5.4 结果计算

见式(3)。

$$X = \frac{m_1 - m_2}{m_3} \times 100 \quad \cdots\cdots(3)$$

式中：

X ——试样中正己烷的提取物，单位为克每百克(g/100g)；

m_1 ——残渣加浓缩器的小瓶的质量，单位为克(g)；

m_2 ——浓缩器的小瓶质量，单位为克(g)；

m_3 ——试样质量，单位为克(g)。

计算结果保留三位有效数字。

5.5 精密度

在重复性条件下获得的两次独立测定结果的绝对差值不得超过算术平均值的 5%。

ICS 67.040
C 53

中华人民共和国国家标准

GB/T 5009.59—2003
代替 GB/T 5009.59—1996

食品包装用聚苯乙烯树脂卫生标准的分析方法

Method for analysis of hygienic standard of polystyrene resin for food packaging

2003-08-11 发布　　　　2004-01-01 实施

中华人民共和国卫生部
中国国家标准化管理委员会　发布

前　言

本标准代替 GB/T 5009.59—1996《食品包装用聚苯乙烯树脂卫生标准的分析方法》。

本标准与 GB/T 5009.59—1996 相比主要修改如下：

——按 GB/T 20001.4—2001《标准编写规则　第 4 部分：化学分析方法》对原标准的结构进行了修改。

本标准由中华人民共和国卫生部提出并归口。

本标准由上海市卫生防疫站负责起草。

本标准于 1985 年首次发布，1996 年第一次修订，本次为第二次修订。

食品包装用聚苯乙烯树脂卫生标准的分析方法

1 范围

本标准规定了制作食具、食品容器或其他食品用工具的聚苯乙烯树脂卫生指标的测定方法。

本标准适用于制作食具、食品容器或其他食品用工具的聚苯乙烯树脂原料卫生指标的测定。

2 规范性引用文件

下列文件中的条款通过本标准的引用而成为本标准的条款。凡是注日期的引用文件，其随后所有的修改单(不包括勘误的内容)或修订版均不适用于本标准，然而，鼓励根据本标准达成协议的各方研究是否可使用这些文件的最新版本。凡是不注日期的引用文件，其最新版本适用于本标准。

GB/T 5009.58—2003 食品包装用聚乙烯树脂卫生标准的分析方法

3 取样方法

同 GB/T 5009.58—2003 中第 2 章。

4 干燥失重

4.1 原理

试样于 100℃ 干燥 3 h 失去的质量，即为干燥失重，表示此条件下挥发性物质的存在情况。

4.2 分析步骤

称取 5.00 g～10.00 g 试样，平铺于已恒量的直径 40 mm 的称量瓶中，在 100℃ 干燥 3 h，于干燥器内冷却 30 min，称量，干燥失重不得超过 0.20 g/100 g。

4.3 计算、结果的表述、精密度

同 GB/T 5009.58—2003 中 3.3 和 3.4。

5 挥发物

5.1 原理

试样于 138℃～140℃、真空度为 85.3 kPa 时，干燥 2 h 减失的质量减去干燥失重的质量即为挥发物。

5.2 试剂

丁酮。

5.3 仪器

5.3.1 电扇。

5.3.2 真空干燥箱。

5.3.3 真空泵。

5.4 分析步骤

于干燥后准确称量的 25 mL 烧杯内，称取 2.00 g～3.00 g 20 目～60 目之间的试样，加 20 mL 丁酮，用玻璃棒搅拌，使完全溶解后，用电扇加速溶剂的蒸发，待至浓稠状态，将烧杯移入真空干燥箱内，使烧杯搁置成 45°，密闭真空干燥箱，开启真空泵，保持温度在 138℃～140℃，真空度为 85.3 kPa，干燥 2 h

后，将烧杯移至干燥器内，冷却 30 min，称量，计算挥发物，减去干燥失重后，不得超过 1%。

5.5 结果计算

挥发物计算见式(1)和式(2)：

$$X = \frac{m_1 - m_2}{m_1 - m_0} \times 100 \qquad \cdots\cdots(1)$$

式中：

X——试样于 138℃～140℃、85.3 kPa、干燥 2 h 失去的质量，单位为克每百克(g/100g)；

m_1——试样加烧杯的质量，单位为克(g)；

m_2——干燥后试样加烧杯的质量，单位为克(g)；

m_0——烧杯的质量，单位为克(g)。

$$X_3 = X_1 - X_2 \qquad \cdots\cdots(2)$$

式中：

X_3——挥发物，单位为克每百克(g/100g)；

X_2——试样于 138℃～140℃、85.3 kPa、干燥 2 h 失去的质量，单位为克每百克(g/100 g)；

X_1——试样的干燥失重，单位为克每百克(g/100 g)。

计算结果保留两位有效数字。

5.6 精密度

在重复性条件下获得的两次独立测定结果的绝对差值不得超过其算术平均值的 10%。

6 苯乙烯及乙苯等挥发成分

6.1 原理

利用有机化合物在氢火焰中生成离子化合物进行检测，以试样的峰高与标准品的峰高相比，计算出试样相当的含量。

6.2 试剂

6.2.1 固定液：聚乙二醇丁二酸酯。

6.2.2 釉化 6201 红色担体。

取 60 目～80 目 6201 红色担体浸于硼砂溶液(20 g/L)中 2 昼夜，溶液体积约为担体体积的 10 倍，浸泡期间应搅拌 2 次～3 次，将浸泡后的担体抽滤，并用水将母液稀释成 2 倍体积，用相当于担体体积的稀释母液在吸滤情况下淋洗。将抽滤后的担体于 120℃烘干，然后置马弗炉中灼烧，在 860℃保持 70 min，再在 950℃保持 30 min，经熔烧后的担体，用沸腾的水浸洗 4 次～5 次，每次所用水量约为担体体积的 5 倍，浸洗时搅拌不宜过猛，以免破损担体颗粒，形成新生表面而影响处理效果。洗涤后的担体烘干、筛分即可应用。

6.2.3 内标物：正十二烷。

6.2.4 二硫化碳。

6.2.5 苯乙烯乙苯标准溶液：取一只 100 mL 容量瓶放入约 2/3 体积二硫化碳，准确称量为 m_0；滴加苯乙烯约 0.5 g，准确称量为 m_1，再滴加乙苯约 0.3 g，准确称量后为 m_2。作为标准储备液。

苯乙烯和乙苯的浓度计算见式(3)和式(4)：

$$苯乙烯浓度\ c_A(g/mL) = \frac{m_1 - m_0}{100} \qquad \cdots\cdots(3)$$

$$乙苯浓度\ c_B(g/mL) = \frac{m_2 - m_1}{100} \qquad \cdots\cdots(4)$$

取 1 mL 标准储备液于 25 mL 容量瓶中，加 5 mL 正十二烷内标物后再加二硫化碳至刻度作为标准使用液。

6.3　**仪器**

6.3.1　气相色谱仪：附有 FID 的检测器。

6.3.2　微量注射器。

6.4　**分析步骤**

6.4.1　**参考色谱条件**

6.4.1.1　色谱柱：不锈钢柱，内径 4 mm，长 4 m。内装涂有 20%聚乙二醇丁二酸酯的 60 目～80 目釉化 6201 红色担体。

6.4.1.2　柱温：130℃；气化温度：200℃。

6.4.1.3　载气(氮气)：柱前压力 1.8 kg/cm^2～2.0 kg/cm^2；氢气流速：50 mL/min；空气流速：700 mL/min。

6.5　**测定**

称取 1.00 g 聚苯乙烯，置于 25 mL 容量瓶中，加二硫化碳溶解，并稀释至刻度。准确加入 5 μL 正十二烷充分振摇，待混合均匀后，取 0.5μL 注入色谱仪，待色谱峰流出后，准确量出各被测组分与正十二烷的峰高，并计算其比值，按所得峰高比值，以注入 0.5 μL 标准使用液求出的组分与正十二烷峰高相比较定量。

注 1：若无内标物，可采用外标法，但各组分的配入量应尽量接近实际含量，以减小偏差。

注 2：标准溶液配制时，可称入不同量的主要杂质组分，均对 1 g 聚苯乙烯试样计算。

气相色谱参考图见图 1。

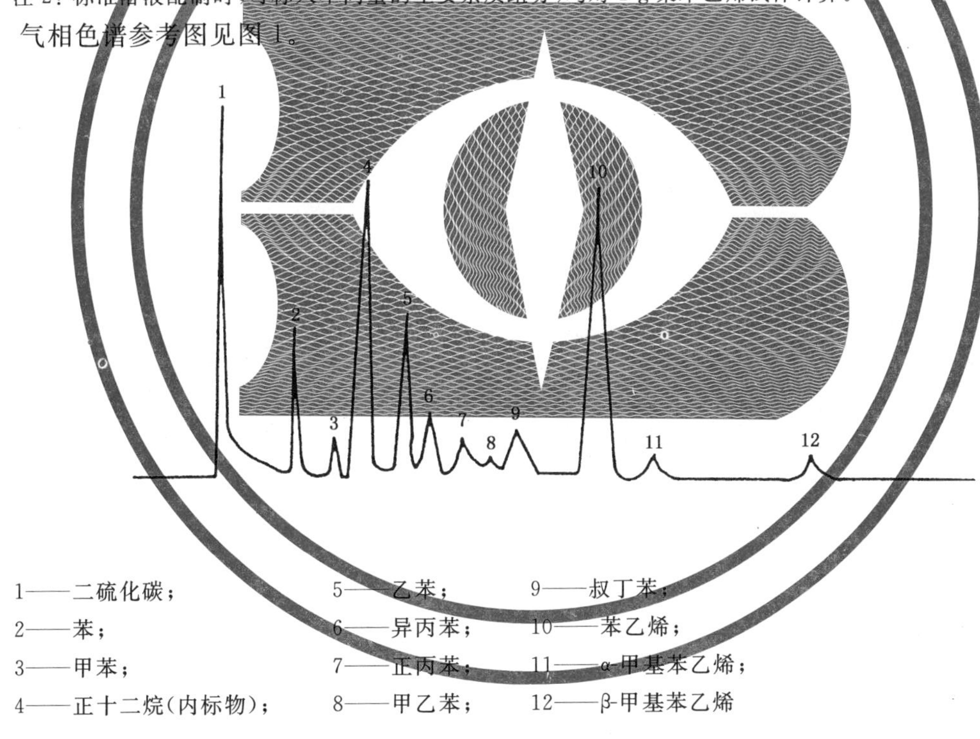

1——二硫化碳；　　5——乙苯；　　9——叔丁苯；

2——苯；　　6——异丙苯；　　10——苯乙烯；

3——甲苯；　　7——正丙苯；　　11——α-甲基苯乙烯；

4——正十二烷(内标物)；　　8——甲乙苯；　　12——β-甲基苯乙烯

图 1

6.6　**结果计算**

见式(5)：

$$X = \frac{F_i \times (c_A \text{ 或 } c_B)}{F_s \times m} \times 1\ 000 \qquad \cdots\cdots(5)$$

式中：

X——苯乙烯或乙苯挥发成分含量，单位为克每百克(g/100 g)；

F_i——试样峰高和内标物比值；

F_s——标准物峰高和内标物比值；

c_A——苯乙烯的浓度,单位为克每毫升(g/ mL);

c_B——乙苯的浓度,单位为克每毫升(g/ mL);

m——试样质量,单位为克(g)。

计算结果保留两位有效数字。

6.7 精密度

在重复性条件下获得的两次独立测定结果的绝对差值不得超过算术平均值的15%。

7 正己烷提取物

按GB/T 5009.58—2003中第5章操作。

ICS 67.040
C 53

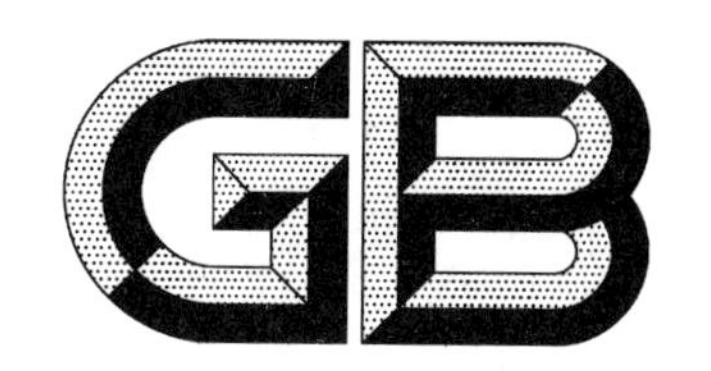

中华人民共和国国家标准

GB/T 5009.60—2003
代替 GB/T 5009.60—1996

食品包装用聚乙烯、聚苯乙烯、聚丙烯成型品卫生标准的分析方法

Method for analysis of hygienic standard of products of polyethylene, polystyrene and polypropyrene for food packaging

2003-08-11 发布　　　　2004-01-01 实施

中华人民共和国卫生部
中国国家标准化管理委员会　发布

前　言

本标准代替 GB/T 5009.60—1996《食品包装用聚乙烯、聚苯乙烯、聚丙烯成型品卫生标准的分析方法》。

本标准与 GB/T 5009.60—1996 相比主要修改如下：

——按 GB/T 20001.4—2001《标准编写规则　第 4 部分：化学分析方法》对原标准的结构进行了修改。

本标准由中华人民共和国卫生部提出并归口。

本标准由上海市卫生防疫站负责起草。

本标准于 1985 年首次发布，1996 年第一次修订，本次为第二次修订。

食品包装用聚乙烯、聚苯乙烯、聚丙烯成型品卫生标准的分析方法

1 范围

本标准规定了以聚乙烯、聚苯乙烯、聚丙烯为原料制作的食品容器、食具及食品用包装薄膜等制品各项卫生指标的测定方法。

本标准适用于以聚乙烯、聚苯乙烯、聚丙烯为原料制作的各种食具、容器及食品用包装薄膜或其他各种食品用工具、管道等制品中各项卫生指标的测定。

2 取样方法

每批按 0.1%取试样,小批时取样数不少于 10 只(以 500 mL 容积/只计,小于 500 mL/只时,试样应相应加倍取量)。其中半数供化验用,另半数保存两个月,以备作仲裁分析用,分别注明产品名称、批号、取样日期。试样洗净备用。

3 浸泡条件

3.1 水:60℃,浸泡 2 h。

3.2 乙酸(4%):60℃,浸泡 2 h。

3.3 乙醇(65%):室温,浸泡 2 h。

3.4 正己烷:室温,浸泡 2 h。

以上浸泡液按接触面积每平方厘米加 2 mL,在容器中则加入浸泡液至 2/3~4/5 容积为准。

4 高锰酸钾消耗量

4.1 原理

试样经用浸泡液浸泡后,测定其高锰酸钾消耗量,表示可溶出有机物质的含量。

4.2 试剂

4.2.1 硫酸(1+2)。

4.2.2 高锰酸钾标准滴定溶液[$c(1/5KMnO_4)=0.01$ mol/L]。

4.2.3 草酸标准滴定溶液[$c(1/2H_2C_2O_4 \cdot 2H_2O)=0.01$mol/L]。

4.3 分析步骤

4.3.1 锥形瓶的处理:取 100 mL 水,放入 250 mL 锥形瓶中,加入 5 mL 硫酸(1+2)、5 mL 高锰酸钾溶液,煮沸 5min,倒去,用水冲洗备用。

4.3.2 滴定:准确吸取 100 mL 水浸泡液(有残渣则需过滤)于上述处理过的 250 mL 锥形瓶中,加 5 mL硫酸(1+2)及 10.0 mL 高锰酸钾标准滴定溶液(0.01 mol/L),再加玻璃珠 2 粒,准确煮沸 5 min 后,趁热加入 10.0 mL 草酸标准滴定溶液(0.01 mol/L),再以高锰酸钾标准滴定溶液(0.01 mol/L)滴定至微红色,记取二次高锰酸钾溶液滴定量。

另取 100 mL 水,按上法同样做试剂空白试验。

4.4 结果计算

见式(1):

$$X=\frac{(V_1-V_2)\times c\times 31.6\times 1\,000}{100} \qquad \cdots\cdots(1)$$

式中：

X——试样中高锰酸钾消耗量，单位为毫克每升(mg/L)；

V_1——试样浸泡液滴定时消耗高锰酸钾溶液的体积，单位为毫升(mL)；

V_2——试剂空白滴定时消耗高锰酸钾溶液的体积，单位为毫升(mL)；

c——高锰酸钾标准滴定溶液的实际浓度，单位为摩尔每升(mol/L)；

31.6——与 1.0 mL 的高锰酸钾标准滴定溶液[$c(1/5KMnO_4)=0.001$ mol/L]相当的高锰酸钾的质量，单位为毫克(mg)。

计算结果保留三位有效数字。

4.5 精密度

在重复性条件下获得的两次独立测定结果的绝对差值不得超过算术平均值的 10%。

5 蒸发残渣

5.1 原理

试样经用各种溶液浸泡后，蒸发残渣即表示在不同浸泡液中的溶出量。四种溶液为模拟接触水、酸、酒、油不同性质食品的情况。

5.2 分析步骤

取各浸泡液 200 mL，分次置于预先在 100℃±5℃干燥至恒量的 50 mL 玻璃蒸发皿或恒量过的小瓶浓缩器(为回收正己烷用)中，在水浴上蒸干，于 100℃±5℃干燥 2 h，在干燥器中冷却 0.5 h 后称量，再于 100℃±5℃干燥 1 h，取出，在干燥器中冷却 0.5 h，称量。

同时进行空白试验。

5.3 结果计算

见式(2)：

$$X=\frac{(m_1-m_2)\times 1\,000}{200} \qquad \cdots\cdots(2)$$

式中：

X——试样浸泡液(不同浸泡液)蒸发残渣，单位为毫克每升(mg/L)；

m_1——试样浸泡液蒸发残渣质量，单位为毫克(mg)；

m_2——空白浸泡液的质量，单位为毫克(mg)。

计算结果保留三位有效数字。

5.4 精密度

在重复性条件下获得的两次独立测定结果的绝对差值不得超过算术平均值的 10%。

6 重金属

6.1 原理

浸泡液中重金属(以铅计)与硫化钠作用，在酸性溶液中形成黄棕色硫化铅，与标准比较不得更深，即表示重金属含量符合标准。

6.2 试剂

6.2.1 硫化钠溶液：称取 5 g 硫化钠，溶于 10 mL 水和 30 mL 甘油的混合液中，或将 30 mL 水和 90 mL甘油混合后分成二等份，一份加 5 g 氢氧化钠溶解后通入硫化氢气体(硫化铁加稀盐酸)使溶液饱和后，将另一份水和甘油混合液倒入，混合均匀后装入瓶中，密闭保存。

6.2.2 铅标准溶液：准确称取 0.159 8 g 硝酸铅，溶于 10 mL 硝酸(10%)中，移入 1 000 mL 容量瓶内，加水稀释至刻度。此溶液每毫升相当于 100 μg 铅。

6.2.3 铅标准使用液：吸取 10.0 mL 铅标准溶液，置于 100 mL 容量瓶中，加水稀释至刻度。此溶液每毫升相当于 10 μg 铅。

6.3 分析步骤

吸取 20.0 mL 乙酸(4%)浸泡液于 50 mL 比色管中，加水至刻度。另取 2 mL 铅标准使用液于 50 mL比色管中，加 20 mL 乙酸(4%)溶液，加水至刻度混匀，两液中各加硫化钠溶液 2 滴，混匀后，放置 5 min，以白色为背景，从上方或侧面观察，试样呈色不能比标准溶液更深。

结果的表述：呈色大于标准管试样，重金属[以铅(Pb)计]报告值>1。

7 脱色试验

取洗净待测食具一个，用沾有冷餐油、乙醇(65%)的棉花，在接触食品部位的小面积内，用力往返擦拭 100 次，棉花上不得染有颜色。

四种浸泡液也不得染有颜色。

ICS 67.040
C 53

中华人民共和国国家标准

GB/T 5009.61—2003
代替 GB/T 5009.61—1996

食品包装用三聚氰胺成型品卫生标准的分析方法

Method for analysis of hygienic standard of products of tripolycyanamide for food packaging

2003-08-11 发布　　　　2004-01-01 实施

中华人民共和国卫生部
中国国家标准化管理委员会　发布

前　言

本标准代替 GB/T 5009.61—1996《食品包装用三聚氰胺成型品卫生标准的分析方法》。

本标准与 GB/T 5009.61—1996 相比主要修改如下：

——按 GB/T 20001.4—2001《标准编写规则　第 4 部分：化学分析方法》对原标准的结构进行了修改。

本标准由中华人民共和国卫生部提出并归口。

本标准由上海市卫生防疫站负责起草。

本标准于 1985 年首次发布，1996 年第一次修订，本次为第二次修订。

食品包装用三聚氰胺成型品卫生标准的分析方法

1 范围

本标准规定了以三聚氰胺为原料制作的各种食具、容器及其他各种食品用工具的各项卫生指标的分析方法。

本标准适用于以三聚氰胺为原料制作的各种食具、容器及其他各种食品用工具的各项卫生指标的分析。

2 规范性引用文件

下列文件中的条款通过本标准的引用而成为本标准的条款。凡是注日期的引用文件，其随后所有的修改单(不包括勘误的内容)或修订版均不适用于本标准，然而，鼓励根据本标准达成协议的各方研究是否可使用这些文件的最新版本。凡是不注日期的引用文件，其最新版本适用于本标准。

GB/T 5009.60—2003 食品包装用聚乙烯、聚苯乙烯、聚丙烯成型品卫生标准的分析方法

3 取样方法

按 GB/T 5009.60—2003 中第 2 章操作。

4 浸泡条件

按 GB/T 5009.60—2003 中第 3 章操作。

5 高锰酸钾消耗量

按 GB/T 5009.60—2003 中第 4 章操作。

6 蒸发残渣

按 GB/T 5009.60—2003 中第 5 章操作。

7 重金属

按 GB/T 5009.60—2003 中第 6 章操作。

8 甲醛

8.1 原理

甲醛与盐酸苯肼在酸性情况下经氧化生成红色化合物，与标准系列比较定量，最低检出限为 5 mg/L。

8.2 试剂

8.2.1 盐酸苯肼溶液(10 g/L)：称取 1.0 g 盐酸苯肼，加 80 mL 水溶解，再加 2 mL 盐酸(10+2)，加水稀释至 100 mL，过滤，贮存于棕色瓶中。

8.2.2 铁氰化钾溶液(20 g/L)。

8.2.3 盐酸(10+2)：量取 100 mL 盐酸，加水稀释至 120 mL。

8.2.4 甲醛标准溶液：吸取 2.5 mL 36%～38%甲醛溶液，置于 250 mL 容量瓶中，加水稀释至刻度，用碘量法标定，最后稀释至每毫升相当于 100 μg 甲醛。

8.2.5 甲醛标准使用液：吸取 10.0 mL 甲醛标准溶液，置于 100 mL 容量瓶中，加水稀释至刻度。此溶液每毫升相当于 10.0 μg 甲醛。

8.3 分析步骤

吸取 10.0 mL 乙酸(4%)浸泡液于 100 mL 容量瓶中，加水至刻度，混匀。再吸取 2 mL 此稀释液于 25 mL 比色管中。吸取 0、0.2、0.4、0.6、0.8、1.0 mL 甲醛标准使用液(相当 0、2、4、6、8、10 μg 甲醛)，分别置于 25 mL 比色管中，加水至 2 mL。于试样及标准管各加 1 mL 盐酸苯肼溶液摇匀，放置 20 min。各加铁氰化钾溶液 0.5 mL，放置 4 min，各加 2.5 mL 盐酸(10＋2)，再加水至 10 mL，混匀。在 10 min～40 min内以 1 cm 比色杯，用零管调节零点，在 520 nm 波长处测吸光度，绘制标准曲线比较。

8.4 结果计算

$$X = \frac{m \times 1\,000}{10 \times \frac{V}{100} \times 1\,000}$$

式中：

X ——浸泡液中甲醛的含量，单位为毫克每升(mg/L)；

m ——测定时所取稀释液中甲醛的质量，单位为微克(μg)；

V ——测定时所取稀释浸泡液体积，单位为毫升(mL)。

计算结果保留三位有效数字。

8.5 精密度

在重复性条件下获得的两次独立测定结果的绝对差值不得超过算术平均值的 10%。

9 脱色试验

按 GB/T 5009.60—2003 中第 7 章操作。

ICS 67.040
C 53

中华人民共和国国家标准

GB/T 5009.67—2003
代替 GB/T 5009.67—1996

食品包装用聚氯乙烯成型品卫生标准的分析方法

Method for analysis of hygienic standard of products of polyvinyl chloride for food packaging

2003-08-11 发布　　　　2004-01-01 实施

中华人民共和国卫生部
中国国家标准化管理委员会　发布

前　言

本标准代替 GB/T 5009.67—1996《食品包装用聚氯乙烯成型品卫生标准的分析方法》。

本标准与 GB/T 5009.67—1996 相比主要修改如下：

——按 GB/T 20001.4—2001《标准编写规则　第 4 部分：化学分析方法》对原标准的结构进行了修改。

本标准由中华人民共和国卫生部提出并归口。

本标准由上海市卫生防疫站、杭州市卫生防疫站负责起草。

本标准于 1985 年首次发布，1996 年第一次修订，本次为第二次修订。

食品包装用聚氯乙烯成型品卫生标准的分析方法

1 范围

本标准规定了食品包装用聚氯乙烯成型品卫生指标的分析方法。

本标准适用于以食品包装用聚氯乙烯树脂为主要原料，按特定配方，以无毒或低毒的增塑剂、稳定剂等助剂经压延或吹塑等方法加工成的，用于各种糖果、糕点、饼干、卤味、酱菜、冷饮、调味品等食品的包装与饮料瓶的密封垫片等成型品的卫生指标的分析。

2 规范性引用文件

下列文件中的条款通过本标准的引用而成为本标准的条款。凡是注日期的引用文件，其随后所有的修改单(不包括勘误的内容)或修订版均不适用于本标准，然而，鼓励根据本标准达成协议的各方研究是否可使用这些文件的最新版本。凡是不注日期的引用文件，其最新版本适用于本标准。

GB/T 5009.60—2003　食品包装用聚乙烯、聚苯乙烯、聚丙烯成型品卫生标准的分析方法

GB 9681　食品包装用聚氯乙烯成型品卫生标准

3 感官检查

色泽正常，无异臭、异物。应符合GB 9681的规定。

4 取样方法

按生产厂产品批号(同一配方、同一原料、同一工艺、同一规格为一批)，每批取样10只(以500 mL/只计，小于500 mL/只时，试样相应加倍)或1 m长，分别注明产品名称、批号、取样日期，其中半数供化验用，另一半数保存两个月，以备仲裁分析用。

5 试样处理

5.1　试样预处理：将试样用洗涤剂洗净，用自来水冲净，再用水淋洗三遍后晾干，备用。

5.2　浸泡条件：浸泡量以每平方厘米试样2.0 mL浸泡液计算。

5.2.1　水：60℃，浸泡0.5 h。

5.2.2　乙酸(4%)：60℃，浸泡0.5 h。

5.2.3　乙醇(20%)：60℃，浸泡0.5 h。

5.2.4　正己烷：室温，浸泡0.5 h。

6 氯乙烯单体

6.1 原理

根据气体有关定律，将试样放入密封平衡瓶中，用溶剂溶解。在一定温度下，氯乙烯单体扩散，达到平衡时，取液上气体注入气相色谱仪中测定。

本方法最低检出限0.2 mg/kg。

注：本方法可用于聚氯乙烯树脂的测定。

6.2 试剂

6.2.1 液态氯乙烯:纯度大于 99.5%,装在 50 mL～100 mL 耐压容器内,并把其放于干冰保温瓶中。

6.2.2 N,N-二甲基乙酰胺(DMA):在相同色谱条件下,该溶剂不应检出与氯乙烯相同保留值的任何杂峰。否则,曝气法蒸馏除去干扰。

6.2.3 氯乙烯标准液 A 的制备:取一只平衡瓶,加 24.5 mL DMA,带塞称量(准确至 0.1 mL),在通风橱内,从氯乙烯钢瓶倒液态氯乙烯约 0.5 mL,于平衡瓶中迅速盖塞混匀后,再称量,贮于冰箱中。按式(1)、(2)计算浓度:

$$c_A = \frac{m_2 - m_1}{V} \times 1\,000 \qquad \cdots\cdots (1)$$

$$V = 24.5 + \frac{m_2 - m_1}{d} \qquad \cdots\cdots (2)$$

式中:

c_A ——氯乙烯单体浓度,单位为毫克每毫升(mg/mL);

V ——校正体积,单位为毫升(mL);

m_1 ——平衡瓶加溶剂的质量,单位为克(g);

m_2 —— m_1 加氯乙烯的质量,单位为克(g);

d——氯乙烯相对密度,0.912 1 g/ mL(20/20℃)。

注:为简化试验,氯乙烯相对密度(20/20℃)已满足体积校正要求。

6.2.4 氯乙烯标准使用液 B 的制备:用平衡瓶配制 25.0 mL,依据 A 液浓度,求出欲加溶剂的体积,使氯乙烯标准使用液 B 的浓度为 0.2 mg/ mL。按式(3)、式(4)计算:

$$V_1 = 25 - V_2 \qquad \cdots\cdots (3)$$

$$V_2 = \frac{0.2 \times 25}{c_A} \qquad \cdots\cdots (4)$$

式中:

V_1 ——欲加 DMA 体积,单位为毫升(mL);

V_2 ——取 A 液的体积,单位为毫升(mL);

c_A ——氯乙烯标准 A 液浓度,单位为毫克每毫升(mg/ mL)。

依据计算先把 V_1 体积 DMA 放入平衡瓶中,加塞,再用微量注射器取 V_2 体积的 A 液,通过胶塞注入溶剂中,混匀后为 B 液,贮于冰箱中。该氯乙烯标准使用液浓度为 0.20 mg/ mL。

6.3 仪器

6.3.1 气相色谱仪(GC):附氢火焰离子化检测器(FID)。

6.3.2 恒温水浴:70℃±1℃。

6.3.3 磁力搅拌器:镀铬铁丝 2 mm×20 cm 为搅拌棒。

6.3.4 磨口注射器:1,2,5 mL,配 5 号针头,用前验漏。

6.3.5 微量注射器:10、50、100 μL。

6.3.6 平衡瓶:25 mL±0.5 mL,耐压 0.5 kg/cm²,玻璃,带硅橡胶塞。

6.4 分析步骤

6.4.1 色谱参考条件

6.4.1.1 色谱柱:2 m 不锈钢柱,内径 4 mm。

6.4.1.2 固定相:上试 407 有机担体,60 目～80 目,200℃老化 4 h。

6.4.1.3 测定条件(供参考):柱温 100℃,气化温度 150℃,氮气 20 mL/min,氢气 30 mL/min,空气 300 mL/min。

6.4.2 标准曲线的绘制

准备六个平衡瓶,预先各加 3 mL DMA,用微量注射器取 0、5、10、15、20、25 μg 的 B 液,通过塞分别注入各瓶中，配成 0 μg～5.0 μg 氯乙烯标准系列，同时放入 70℃±1℃水浴中，平衡 30 min。分别取液上气 2 mL～3 mL 注入 GC 中。调整放大器灵敏度，测量峰高，绘制峰高与质量标准曲线。

注：曲线范围 0 mg/kg～50 mg/kg，对聚氯乙烯树脂和成型品中氯乙烯含量是适用的。可以根据需要绘制不同含量范围的曲线。

6.4.3 试样测定

将试样剪成细小颗粒，准确称取 0.1g～1 g 放入平衡瓶中，加搅拌棒和 3 mL DMA 后，立即搅拌 5 min，以下按 6.4.2"放入 70℃±1℃……"操作。量取峰高，在标准曲线上求得含量供计算。

6.4.4 结果计算

见式(5)。

$$X = \frac{m_1 \times 1\,000}{m_2 \times 1\,000} \qquad \cdots\cdots (5)$$

式中：

X ——试样中氯乙烯单体含量，单位为毫克每千克(mg/kg)；

m_1 ——标准曲线求出氯乙烯质量，单位为微克(μg)；

m_2 ——试样质量，单位为克(g)。

计算结果保留两位有效数字。

6.4.5 精密度

在重复性条件下获得的两次独立测定结果的绝对差值不得超过算术平均值的 15%。

7 高锰酸钾消耗量

按 GB/T 5009.60—2003 中第 4 章操作。

8 蒸发残渣

按 GB/T 5009.60—2003 中第 5 章操作。

9 重金属

按 GB/T 5009.60—2003 中第 6 章操作。

10 脱色试验

按 GB/T 5009.60—2003 中第 7 章操作。

ICS 67.040
C 53

中华人民共和国国家标准

GB/T 5009.71—2003
代替 GB/T 5009.71—1996

食品包装用聚丙烯树脂卫生标准的分析方法

Method for analysis of hygienic standard of polypropyrene resin for food packaging

2003-08-11 发布 2004-01-01 实施

中华人民共和国卫生部
中国国家标准化管理委员会 发布

前　　言

本标准代替 GB/T 5009.71—1996《食品包装用聚丙烯树脂卫生标准的分析方法》。

本标准与 GB/T 5009.71—1996 相比主要修改如下：

——按 GB/T 20001.4—2001《标准编写规则　第 4 部分：化学分析方法》对原标准的结构进行了修改。

本标准由中华人民共和国卫生部提出并归口。

本标准由上海市卫生防疫站负责起草。

本标准于 1985 年首次发布，1996 年第一次修订，本次为第二次修订。

食品包装用聚丙烯树脂卫生标准的分析方法

1 范围

本标准规定了制作食具、容器及食品用包装薄膜或其他食品用工具的聚丙烯树脂原料的卫生指标的分析方法。

本标准适用于制作食具、容器及食品用包装薄膜或其他食品用工具的聚丙烯树脂原料的卫生指标的分析。

2 规范性引用文件

下列文件中的条款通过本标准的引用而成为本标准的条款。凡是注日期的引用文件，其随后所有的修改单(不包括勘误的内容)或修订版均不适用于本标准，然而，鼓励根据本标准达成协议的各方研究是否可使用这些文件的最新版本。凡是不注日期的引用文件，其最新版本适用于本标准。

GB/T 5009.58—2003 食品包装用聚乙烯树脂卫生标准的分析方法

3 取样方法

按 GB/T 5009.58—2003 中第 2 章操作。

4 正己烷提取物

按 GB/T 5009.58—2003 中第 5 章操作。

ICS 67.040
C 53

中华人民共和国国家标准

GB/T 5009.78—2003
代替 GB/T 3561—1989

食品包装用原纸卫生标准的分析方法

Method for analysis of hygienic standard of papers for food packaging

2003-08-11 发布　　2004-01-01 实施

中华人民共和国卫生部
中国国家标准化管理委员会　发布

前　　言

本标准代替 GB/T 3561—1989《食品包装用原纸卫生标准的分析方法》。

本标准与 GB/T 3561—1989 相比主要修改如下：

——按 GB/T 20001.4—2001《标准编写规则　第 4 部分：化学分析方法》对原标准的结构进行了修改。

本标准由中华人民共和国卫生部提出并归口。

本标准由上海市食品卫生监督检验所负责起草。

本标准主要起草人：朱惠芬、郑蕾霞。

原标准于 1985 年首次发布，1989 年第一次修订，本次为第二次修订。

食品包装用原纸卫生标准的分析方法

1 范围

本标准规定了食品包装用原纸的卫生标准的分析方法。

本标准适用于直接接触食品的各种原纸，包括食品包装纸、糖果纸、冰棍纸等的卫生指标的分析。

2 规范性引用文件

下列文件中的条款通过本标准的引用而成为本标准的条款。凡是注日期的引用文件，其随后所有的修改单(不包括勘误的内容)或修订版均不适用于本标准，然而，鼓励根据本标准达成协议的各方研究是否可使用这些文件的最新版本。凡是不注日期的引用文件，其最新版本适用于本标准。

GB/T 5009.11—2003 食品中总砷及无机砷的测定

GB/T 5009.12—2003 食品中铅的测定

GB/T 4789.3—2003 食品卫生微生物学检验 大肠菌群测定

GB/T 4789.4—2003 食品卫生微生物学检验 沙门氏菌检验

GB/T 4789.5—2003 食品卫生微生物学检验 志贺氏菌检验

GB/T 4789.10—2003 食品卫生微生物学检验 金黄色葡萄球菌检验

GB/T 4789.11—2003 食品卫生微生物学检验 溶血性链球菌检验

3 取样

从每批产品中以无菌操作法抽取500 g纸样，分别注明产品名称、批号、日期。其中一半供检验用，另一半保存两个月，作仲裁分析用。

4 砷的测定

试样经干法灰化后，按GB/T 5009.11—2003中第二法砷斑法操作。

5 铅的测定

试样经干法灰化后，按GB/T 5009.12—2003操作。

6 荧光检查

从试样中随机取5张100 cm^2的纸样，置于波长365 nm和254 nm紫外灯下检查，任何一张纸样中最大荧光面积不得大于5 cm^2。

7 脱色试验

水、正己烷浸泡液不得染有颜色。

8 大肠菌群的测定

以无菌操作称取试样25 g，剪碎，置无菌广口瓶中加无菌生理盐水225 mL，充分混匀成1∶10混悬液，再吸取1∶10混悬液1 mL于9 mL灭菌生理盐水管中稀释成1∶100混悬液，然后，按GB/T 4789.3—2003大肠菌群测定操作步骤进行。

9 致病菌的测定

9.1 沙门氏菌的测定

以无菌操作取样 25 g，置于装有 225 mL 缓冲蛋白胨水的广口瓶中，然后按 GB/T 4789.4—2003 沙门氏菌检验操作步骤进行。

9.2 志贺氏菌的测定

以无菌操作取样 25 g，置于装有 225 mL GN 增菌液的广口瓶中，然后按 GB/T 4789.5—2003 志贺氏菌检验操作步骤进行。

9.3 金黄色葡萄球菌的测定

以无菌操作取样 5 g，置于装有 50 mL 7.5%氯化钠肉汤的广口瓶中，然后按 GB/T 4789.10—2003 金黄色葡萄球菌检验操作步骤进行。

9.4 溶血性链球菌的测定

以无菌操作取样 5 g，置于装有 50 mL 葡萄糖肉浸液肉汤的广口瓶中，然后按 GB/T 4789.11—2003 溶血性链球菌检验操作步骤进行。

ICS 67.040
C 53

中华人民共和国国家标准

GB/T 5009.100—2003
代替 GB/T 13119—1991

食品包装用发泡聚苯乙烯成型品卫生标准的分析方法

Method for analysis of hygienic standard of products of foamed polystyrene for food packaging

2003-08-11 发布　　　　2004-01-01 实施

中华人民共和国卫生部
中国国家标准化管理委员会　发布

前　言

本标准代替 GB/T 13119—1991《食品包装用发泡聚苯乙烯成型品卫生标准的分析方法》。

本标准与 GB/T 13119—1991 相比主要修改如下：

——按 GB/T 20001.4—2001《标准编写规则　第 4 部分：化学分析方法》对原标准的结构进行了修改。

本标准由中华人民共和国卫生部提出并归口。

本标准由北京市卫生防疫站、卫生部食品卫生监督检验所、上海市泸湾区卫生防疫站负责起草。

本标准主要起草人：王云龙、张洪祥、劳宝法。

原标准于 1991 年首次发布，本次为第一次修订。

食品包装用发泡聚苯乙烯成型品卫生标准的分析方法

1 范围

本标准规定了食品包装用发泡聚苯乙烯成型品卫生标准的分析方法。

本标准适用于以聚苯乙烯树脂为原料，添加二氟二氯甲烷为发泡剂制成的食品包装制品。

2 规范性引用文件

下列文件中的条款通过本标准的引用而成为本标准的条款。凡是注日期的引用文件，其随后所有的修改单(不包括勘误的内容)或修订版均不适用于本标准，然而，鼓励根据本标准达成协议的各方研究是否可使用这些文件的最新版本。凡是不注日期的引用文件，其最新版本适用于本标准。

GB/T 5009.60—2003 食品包装用聚乙烯、聚苯乙烯、聚丙烯成型品卫生标准的分析方法

3 取样方法

按生产厂家产品批号，每批按 0.1%取样，小批量每批随机取样不得少于 15 只，其中三分之一供检验用，三分之一供复验用，三分之一保存两个月供作仲裁分析用。

4 感官检查

保持聚苯乙烯树脂原料固有的白色，无异臭、异物。

5 试样处理

5.1 成型品呈薄层状时，每个试样剪成约 2 cm×5 cm 的若干小片(一批 5 只)，从每只中取一片，按两面面积约 100 cm^2，以 1 cm^2 试样加入 2 mL 浸泡液(如果有一定厚度，以每小片表面积计，按总面积用上述原则加入浸泡液)。

5.2 水浸泡：60℃，保温 2 h。把试样条放入 300 mL 三角瓶中，将浸泡液预热到 60℃时用量筒取预先计算的加入量，倒入三角瓶中进行保温 2 h，取出备用。试样片上浮时，设法使其浸入溶液中并避免粘在一起。

5.3 4%乙酸浸泡：按 5.2 原则以 4%乙酸 60℃保温 2 h。

5.4 65%乙醇浸泡：按 5.2 原则以 65%乙醇 60℃保温 2 h。

5.5 正己烷浸泡：按 5.2 原则常温(20℃±5℃)浸泡 2 h。

6 高锰酸钾消耗量

按 GB/T 5009.60—2003 中第 4 章操作。

7 蒸发残渣

7.1 原理

试样经用各种溶液浸泡后，蒸发残渣即表示在不同浸泡液中的溶出量。此四种溶液为模拟接触水、酸、酒、油不同性质食品溶出情况。

7.2 分析步骤

取各浸泡液 200 mL，分次置于预先在 105℃干燥至恒重的直径 75 mm 的玻璃蒸发皿或浓缩器中，

干燥 2 h,在干燥器中冷却 0.5 h 后称量水、乙酸、乙醇溶出残渣,再于 105℃干燥 1 h,称至恒重(恒重误差 1 mg,正己烷溶出残渣不需恒重)。

7.3 结果计算

按 GB/T 5009.60—2003 中 5.3。

8 重金属

按 GB/T 5009.60—2003 中第 6 章操作。

9 二氟二氯甲烷

9.1 原理

根据气体有关定律,将试样放入密封平衡瓶中,用溶剂溶解。在一定温度下,二氟二氯甲烷扩散,达到平衡时,取液上气体注入气相色谱仪中测定。

本方法检出限 2.3 mg/kg。

9.2 试剂

9.2.1 液态二氟二氯甲烷(简称 F-12):纯度大于 99.5%,装在耐压金属罐内保存。

9.2.2 N-N 二甲基乙酰胺(DMA):在相同色谱条件下,该溶剂不应检出与 F-12 相同保留值的任何杂峰。否则,应在不超过 100℃条件下将 DMA 倒入大烧杯内,放在电热帽中蒸发,赶走沸点低的杂质,以免干扰。

9.2.3 F-12 标准液的制备:把干燥平衡瓶和塞一起准确称量(精确至 0.000 1 g)为 m_1,放入 DMA 溶剂,瓶口处留存 1 mL 左右空间,盖塞,准确称量为 m_2。取 F-12 气 5 mL 通过胶塞针头在平衡瓶空间注入气体,摇动 DMA 溶解后,准确称量为 m_3。

9.2.4 配制 F-12 浓度的计算:见式(1)。

$$c = \frac{m_3 - m_2}{(m_2 - m_1)d} \quad \cdots\cdots(1)$$

式中:

c——配制 F-12 浓度,单位为毫克每毫升(mg/mL);

m_1——平衡瓶的质量,单位为克(g);

m_2——平衡瓶加溶剂的质量,单位为克(g);

m_3——平衡瓶加溶剂加 F-12 气体后的质量,单位为克(g);

d——DMA 相对密度,$d_4^{20℃}=0.935$。

9.3 仪器

9.3.1 气相色谱仪(GC):附氢火焰离子化检测器(FID)。

9.3.2 超级恒温水浴:精度±1℃。

9.3.3 平衡瓶:25 mL±1 mL。

9.3.4 磨口注射器:2 mL,5 mL,配 5 号牙科针头。

9.3.5 微量注射器:50 μL,100 μL。

9.4 分析步骤

9.4.1 色谱条件

9.4.1.1 色谱柱:1.5 m×3 mm(i.d.)。

9.4.1.2 固定相:Porapak Q(80 目~100 目)或上试 407 有机担体(60 目~80 目)。

9.4.1.3 测定条件(供参考):柱温 110℃,气化温度 180℃,检测器温度 180℃,氮气 30 mL/min,氢气 30 mL/min,空气 300 mL/min。进样量 2 mL 气体。

9.4.2 标准曲线的绘制

在 5 个平衡瓶中各加入 3 mL DMA,盖塞,用微量注射器取 0,10,20,30,40 μL 标准溶液通过胶塞注入瓶中(相当于0 μg～40 μg F-12),轻轻摇匀放入65℃±1℃恒温水浴中平衡15 min。分别取液上气2 mL注入气相色谱仪中,以F-12含量为横坐标,峰高为纵坐标绘制标准曲线。

9.4.3 试样测定

将快餐盒剪成碎屑,用四分法取样,称取0.2 g～0.5 g放入平衡瓶中。加入3 mL DMA溶解,立即盖塞,轻轻摇匀,放入65℃±1℃恒温水浴中平衡15 min,同样取2 mL气体注入气相色谱仪,测峰高,在标准曲线上查出质量数(μg)。

9.4.4 结果计算

试样中F-12的含量用式(2)计算:

$$X = \frac{m_1 \times 1\,000}{m \times 1\,000} \qquad \cdots\cdots(2)$$

式中:

X——试样F-12含量,单位为毫克每千克(mg/kg);

m_1——从标准曲线求出的F-12质量,单位为微克(μg);

m——试样质量,单位为克(g)。

ICS 67.040
C 53

中华人民共和国国家标准

GB/T 5009.119—2003
代替 GB/T 14937—1994

复合食品包装袋中二氨基甲苯的测定

Determination of diaminomethylbezen of complex for food packaging material

2003-08-11 发布　　2004-01-01 实施

中华人民共和国卫生部
中国国家标准化管理委员会　发布

前　言

本标准代替 GB/T 14937—1994《复合食品包装袋中二氨基甲苯测定方法》。

本标准与 GB/T 14937—1994 相比主要修改如下：

——修改了标准的中文名称，标准中文名称改为《复合食品包装袋中二氨基甲苯的测定》；

——按 GB/T 20001.4—2001《标准编写规则　第4部分：化学分析方法》对原标准的结构进行了修改。

本标准由中华人民共和国卫生部提出并归口。

本标准起草单位：辽宁省食品卫生监督检验所、鞍钢卫生防疫站、沈阳市和平区卫生防疫站、沈阳市卫生防疫站。

本标准主要起草人：翟永信、李学明、王义珠、张维民、吴百禄。

原标准于1994年首次发布，本次为第一次修订。

复合食品包装袋中二氨基甲苯的测定

1 范围

本标准规定了复合食品包装袋中二氨基甲苯的测定方法。

本标准适用于复合食品包装袋中二氨基甲苯的测定。

本方法的检出限为0.002 mg/L。

2 原理

试样中二氨基甲苯用沸水浸出后，放冷，加三氟乙酸酐进行衍生化，然后将衍生物注入气相色谱仪中，用电子捕获检测器测定，其响应值在一定浓度范围内与二氨基甲苯含量成正比，可定性定量。

3 试剂

3.1 二氯甲烷。

3.2 三氟乙酸酐(纯度98%)。

3.3 无水硫酸钠。

3.4 20 g/L碳酸氢钠溶液：称取2 g碳酸氢钠溶于蒸馏水中至100 mL。

3.5 二氨基甲苯(2,4-二氨基甲苯，纯度98%)标准贮备溶液：准确称取2,4-二氨基甲苯10 mg(10±0.01 mg)移入100 mL容量瓶中，加二氯甲烷至刻度，此溶液每毫升含2,4-二氨基甲苯100 μg，贮于冰箱中保存备用。

4 仪器

4.1 气相色谱仪：具电子捕获检测器(ECD)。

4.2 恒温烘箱。

4.3 浓缩器(K-D)。

5 分析步骤

5.1 取样方法

每批试样按10%取样，小批量时取样数应不小于10只(以500 mL/只计，小于500 mL/只时试样应相应加取样)其中三分之一供化验用，三分之一供复验，另三分之一试样保存两个月供仲裁分析用，并注明产品名称、批号、取样日期。

5.2 试样制备

5.2.1 未装过食品的包装袋：用蒸馏水洗三次，淋干，按2 mL/cm^{2}计算装入蒸馏水，热封口。

5.2.2 装过食品的包装袋；剪口，将食品全部移出，用清水冲洗至无污物，再用蒸馏水冲洗三次，淋干按2 mL/cm^{2}计算装入蒸馏水，热封口。

5.2.3 将上述5.2.1或5.2.2热封口后的包装袋，置于预先调至100℃±5℃烘箱内，恒温60 min，取出自然放冷至室温，剪开封口，将水移入干燥的烧杯中备用。

5.3 试料制备

量取备用试样50.0 mL，置于分液漏斗中，用10 mL二氯甲烷分别萃取二次，每次萃取5 min，静置10 min。合并二次萃取液，在分液漏斗下口放干燥滤纸，以便除去萃取液中水分。将萃取液移入K-D浓缩器中，在40℃水浴中浓缩至约2 mL，放冷，加入60 μL三氟乙酸酐，轻轻混匀，置30℃烘箱中恒温进行衍生化反应 30 min,取出放冷至室温后,移入 60 mL 分液漏斗中,用 2 mL 二氯甲烷分数次洗净浓缩瓶,洗液并入分液漏斗中,加入 5 mL 20 g/L 碳酸氢钠溶液,轻轻摇动 2 min,静置 5 min,将二氯甲烷层移入到 5 mL 比色管中,补加二氯甲烷成 5 mL 供测定用。

5.4 标准曲线绘制

5.4.1 2,4-二氨基甲苯衍生化处理:取 2,4-二氨基甲苯标准贮备液一定量,用二氯甲烷准确稀释成每毫升含 2,4-二氨基甲苯 0.1 μg 标准工作液。取工作液 25.00 mL 置于 60 mL 分液漏斗中,加入 250 μL 三氟乙酸酐,轻轻摇动,密塞后放在 30℃恒温箱中衍生化反应 30 min,取出冷却至室温,加入 20 g/L 碳酸氢钠溶液 10 mL,轻轻摇动 2 min,静置分层,将 2,4-二氨基甲苯衍生物的二氯甲烷层通过预先装有约 5 g 无水硫酸钠的漏斗过滤,收集滤液,即为 2,4-二氨基甲苯-三氟乙酸酐标准工作液,此溶液每毫升含 2,4-二氨基甲苯为 0.1 μg。

5.4.2 根据仪器灵敏度,临用时用二氯甲烷将 2,4-二氨基甲苯-三氟乙酸酐标准工作液稀释成不同浓度,抽取 1 μL 注入气相色谱仪中,按 5.5.1 色谱条件测定 2,4-二氨基甲苯,浓度对峰高绘制标准曲线。

5.5 测定

5.5.1 色谱条件

色谱柱:玻璃柱 $\phi 3 \times 2$ m;固定相:2%OV-17,60 目~80 目硅藻土。

柱温:170℃;汽化室温度:280℃。

载气:氮气,流速 40 mL/min。

检测器:电子捕获检测器。

进样量:1 μL。

5.5.2 测定

吸取 1 μL 试液注入气相色谱仪中按 5.5.1 色谱条件测定量取峰高,与标准曲线比较定量。

6 结果计算

按下式计算:

$$X = \frac{c \times V_2 \times 1\,000}{V_1 \times 1\,000}$$

式中:

X——试样中 2,4-二氨基甲苯的含量,单位为毫克每升(mg/L);

c——试液相当标准曲线 2,4-二氨基甲苯含量,单位为微克每毫升(μg/mL);

V_1——试液体积,单位为毫升(mL);

V_2——萃取液总体积,单位为毫升(mL)。

ICS 67.040
C 53

中华人民共和国国家标准

GB/T 5009.127—2003
代替 GB/T 15205—1994

食品包装用聚酯树脂及其成型品中锗的测定

Determination of germanium in polyester resin and products for food packaging

2003-08-11 发布　　　　2004-01-01 实施

中华人民共和国卫生部
中国国家标准化管理委员会　发布

前　　言

本标准代替 GB/T 15205—1994《食品包装用聚酯树脂及其成型品中锗的测定方法》。

本标准与 GB/T 15205—1994 相比主要修改如下：

——修改了标准的中文名称，标准中文名称改为《食品包装用聚酯树脂及其成型品中锗的测定》；

——按 GB/T 20001.4—2001《标准编写规则　第 4 部分：化学分析方法》对原标准的结构进行了修改。

本标准由中华人民共和国卫生部提出并归口。

本标准起草单位：上海市食品卫生监督检验所、广西壮族自治区食品卫生监督检验所、上海卢湾区卫生防疫站。

本标准主要起草人：方亚敏、沈文、劳宝法、赵林。

原标准于 1994 年首次发布，本次为第一次修订。

食品包装用聚酯树脂及其成型品中锗的测定

1 范围

本标准规定了经四氯化碳萃取，苯芴酮络合分光光度法测定锗。

本标准适用于食品包装用聚酯树脂及其成型品中锗的测定。

本方法的检出限为 0.020 μg/mL。

2 原理

聚酯树脂塑料的乙酸浸泡液，在酸性介质中，经四氯化碳萃取，然后与苯芴酮络合，在 510 nm 下分光光度测定。

3 试剂

3.1 盐酸。

3.2 硫酸。

3.3 乙醇。

3.4 四氯化碳。

3.5 1+1 盐酸溶液：量取 50 mL 盐酸，加水稀释至 100 mL。

3.6 1+6 硫酸溶液：量取 60 mL 水，慢慢沿烧杯壁小心加入 10 mL 硫酸。

3.7 4%（体积分数）乙酸溶液：量取 4 mL 乙酸，加水稀释至 100 mL。

3.8 400 g/L 氢氧化钠溶液：称取 40 g 氢氧化钠，加水稀释至 100 mL。

3.9 8 mol/L 盐酸溶液：量取 400 mL 盐酸，加水稀释至 600 mL。

3.10 0.4 g/L 苯芴酮溶液：称取 0.04 g 苯芴酮，加 75 mL 乙醇溶液，加硫酸（1+6）5 mL，并微微加热使充分溶解，冷却后，加乙醇至总体积为 100 mL。

3.11 锗的贮备液：在小烧杯中称取 0.050 g 锗，加 2 mL 浓硫酸，加 0.2 mL 过氧化氢，小心加热煮沸，再补加 3 mL 浓硫酸，加热至冒白烟。冷却后，加 3 mL 400 g/L 氢氧化钠溶液。锗全部溶解后，小心滴加 2 mL 浓硫酸，使溶液变成酸性，定量转移至 100 mL 容量瓶中，并加水稀释至刻度，此溶液含锗 0.5 mg/mL。

3.12 锗标准使用液：取锗标准贮备液 5.0 mL 置于 100 mL 容量瓶中，加盐酸（1+1）2 mL，加水至刻度，此溶液含锗 25 μg/mL，再取此溶液 10 mL 置于 50 mL 容量瓶中，加 1 mL 盐酸，并加水至刻度。此溶液含锗为 5 μg/mL。

3.13 过氧化氢

4 仪器

分光光度计。

5 分析步骤

5.1 标准曲线制作

取标准使用液 0.0、0.4、0.8、1.2、1.6、2.0 mL（相当于锗含量 0，2.0，4.0，6.0，8.0，10.0 μg）。分别置于预先已有 50 mL 8 mol/L 盐酸溶液的 6 只分液漏斗中，加入 10 mL 四氯化碳，充分振摇 1 min，静止分层。取有机相 5 mL，置于 10 mL 具塞比色管中，加入 1 mL 0.4 g/L 苯芴酮溶液，然后加乙醇至刻度，充分混匀后，在 510 nm 波长下，用 0 管校正仪器零点。用 1 cm 光程比色皿测定吸光度。并以锗浓度为横坐标，吸光度为纵坐标绘制标准曲线。

5.2 分析步骤

5.2.1 树脂（材质粒料）

精密称取约 4 g 试样于 250 mL 回流装置的烧瓶中，加入 90 mL 4%乙酸，接好冷凝管，在沸水浴上加热回流 2 h，立即用快速滤纸过滤，并用少量 4%乙酸洗涤滤渣，合并滤液后定容至 100 mL，备用。

5.2.2 成型品

以 2 mL/cm^2 比例将成型品浸泡在 4%乙酸溶液中，于 60℃下浸泡 30 min，取浸泡液作为试样溶液备用。

5.3 测定

取 5.2.1 或 5.2.2 条中试样溶液 50 mL 置 100 mL 瓷蒸发皿，加热蒸发至近干，用 8 mol/L 盐酸溶液 50 mL，分次洗残渣至分液漏斗中，然后加入 10 mL 四氯化碳，充分振摇 1 min，然后按 5.1 中"……静止分层。取有机相 5 mL，……"记下测得的吸光度值，从标准曲线查出相应的锗含量。

5.4 结果计算

5.4.1 成型品按式(1)计算：

$$X = \frac{A}{V} \times F \quad \cdots\cdots (1)$$

式中：

X——成型品中锗含量，单位为毫克每升(mg/L)；

A——测定时所取试样浸泡液中锗的含量，单位为微克(μg)；

V——测定时所取试样浸泡液体积，单位为毫升(mL)；

F——换算成 2 mL/cm^2 的系数。

5.4.2 树脂按式(2)计算：

$$X = \frac{A}{\frac{m}{V_1} \times V_2} \quad \cdots\cdots (2)$$

式中：

X——树脂中锗的含量，单位为毫克每千克(mg/kg)；

m——树脂质量，单位为克(g)；

A——测定时所取试样浸泡液中锗的含量，单位为微克(μg)；

V_1——定容体积，单位为毫升(mL)；

V_2——测定时所取试样体积，单位为毫升(mL)。

6 精密度

在重复性条件下获得的两次独立测定结果的绝对差值不得超过算术平均值的 10%。

ICS 67.040
C 53

中华人民共和国国家标准

GB/T 5009.152—2003
代替 GB/T 17338—1998

食品包装用苯乙烯-丙烯腈共聚物和橡胶改性的丙烯腈-丁二烯-苯乙烯树脂及其成型品中残留丙烯腈单体的测定

Determination of residual acrylonitrile monomer in styrene-acrylonitrile copolymers and rubber-modified acrylonitrile-butadiene-styrene resins and their products used for food packaging

2003-08-11 发布 　　　　2004-01-01 实施

中华人民共和国卫生部
中国国家标准化管理委员会 发布

前　言

本标准代替 GB/T 17338—1998《食品包装用苯乙烯-丙烯腈共聚物和橡胶改性的丙烯腈-丁二烯-苯乙烯树脂及其成型品中残留丙烯腈单体的测定》。

本标准按照 GB/T 20001.4—2001《标准编写规则　第 4 部分:化学分析方法》对原标准的结构进行了修改。

本标准由中华人民共和国卫生部提出并归口。

本标准第一法负责起草单位:上海高桥石化公司化工厂、上海市卫生防疫站。

本标准第二法负责起草单位:上海市卫生防疫站、广西壮族自治区食品卫生监督检验所、上海市卢湾区卫生防疫站。

本标准第一法主要起草人:吴克勤、王均甫、董建芳、潘希和。

本标准第二法主要起草人:朱颖民、沈文、叶碧沙、劳宝法。

原标准于 1998 年首次发布,本次为第一次修订。

引　　言

本标准分为第一法(NPD 法)、第二法(FID 法)。本标准参考了 ASTM 4322—83(1991)《顶空气相色谱法测定苯乙烯-丙烯腈共聚物和腈橡胶中的残留丙烯腈单体的标准试验法》及 ISO 4581:1994《苯乙烯-丙烯腈共聚物的塑料制品中丙烯腈单体残留量的气相色谱测定法》。借鉴了其测定原理和主要技术内容方面。但对具体测定条件和过程作了调整和改变,以使本标准更适用于我国的实际情况。

食品包装用苯乙烯-丙烯腈共聚物和橡胶改性的丙烯腈-丁二烯-苯乙烯树脂及其成型品中残留丙烯腈单体的测定

1 范围

本标准规定了顶空气相色谱法(HP-GC)测定丙烯腈-苯乙烯共聚物(AS)和丙烯腈-丁二烯-苯乙烯共聚物(ABS)中残留丙烯腈的方法。

本标准适用于丙烯腈-苯乙烯以及丙烯腈-丁二烯-苯乙烯树脂及其成型品中残留丙烯腈单体的测定,也适用于橡胶改性的丙烯腈-丁二烯-苯乙烯树脂及成型品中残留丙烯腈单体的测定。

本方法检出限:氮-磷检测器法(NPD)为0.5 mg/kg,氢火焰检测器法(FID)为2.0 mg/kg。

第一法 气相色谱氮-磷检测器法(NPD)

2 原理

将试样置于顶空瓶中,加入含有已知量内标物丙腈(PN)的溶剂,立即密封,待充分溶解后将顶空瓶加热使气液平衡后,定量吸取顶空气进行色谱(NPD)测定,根据内标物响应值定量。

3 试剂

3.1 试剂纯度:用于本试验的应是分析纯试剂。若采用其他级别的试剂,则必须有足够高的纯度,不致降低测定的准确度。

3.2 溶剂:*N*,*N*-二甲基甲酰胺或*N*,*N*-二甲基乙酰胺(DMA)。溶剂的顶空气进行色谱测定时,在丙烯腈(AN)和丙腈(PN)的保留时间处不得出现干扰峰。

3.3 丙腈:色谱级。

3.4 丙烯腈:色谱级。

4 仪器

4.1 气相色谱仪

应配有氮-磷检测器。

最好使用具有自动采集分析顶空气的装置,如人工采集和分析顶空气,应附加下列设备:

4.1.1 恒温浴,能保持90℃± 1℃。

4.1.2 采集和注射顶空气的气密性好的注射器。

4.2 顶空瓶瓶口密封器。

4.3 5.0 mL顶空采样瓶。

4.4 铝质密封瓶帽。

4.5 内表层覆盖有聚四氟乙烯膜的气密性优良的丁基橡胶或硅橡胶。

5 分析步骤

5.1 内标法校准

5.1.1 准备一个含有已知量内标物(PN)聚合物溶剂。

5.1.2 用100 mL容量瓶,事先注入适量的溶剂(3.2)。准确称入约10 mg的PN,用溶剂(3.2)稀释至刻度,摇匀。计算出此溶液A中PN的浓度(mg/mL)。

5.1.3 准确移取15.0 mL溶液A置于250 mL容量瓶中,用溶剂(3.2)稀释到体积刻度,摇匀。此液每月配制一次。如下计算此溶液B中PN的浓度(见式1):

$$c_B = \frac{c_A \times 15}{250} \qquad \cdots\cdots(1)$$

式中:

c_A——溶液B中PN浓度 ,单位为毫克每毫升(mg/mL);

c_B——溶液A中PN浓度,单位为毫克每毫升(mg/mL)。

5.1.4 在事先置有适量溶剂(3.2)的50 mL容量瓶中,准确称入约150 mg丙烯腈(AN),用溶剂(3.2)稀释至体积刻度,摇匀,计算此溶液C中AN的浓度(mg/mL)。此溶液每月配制一次。

5.1.5 于三只顶空气瓶中各移入5.0 mL溶液B,用垫片和铝帽封口。

5.1.6 用一支经过校准的注射器,通过垫片向每个瓶中准确注入10 μL溶液C,摇匀。作为工作标准液。

5.1.7 计算工作标准液(5.1.6)中AN的含量(m_i)和PN的含量(m_s),见式(2)和式(3)。

$$m_i = V_c \times c_{AN} \qquad \cdots\cdots(2)$$

式中:

m_i——工作标准液中AN的含量,单位为毫克(mg);

V_c——溶液C的体积,单位为毫升(mL);

c_{AN}——溶液C中AN的浓度,单位为毫克每毫升(mg/mL)。

$$M_s = V_B \times c_{PN} \qquad \cdots\cdots(3)$$

式中:

m_s——工作标准液中PN的含量,单位为毫克(mg);

V_B——溶液B的体积,单位为毫升(mL);

c_{PN}——溶液B中PN的浓度,单位为毫克每毫升(mg/mL)。

5.1.8 按5.3中所推荐的操作条件和5.2、5.4中叙述的操作过程的同样条件,抽取2.0 mL工作标准液(5.1.6)的顶空气注入气相色谱仪。由AN的峰面积A_i和PN的峰面积A_s以及他们的已知量(5.1.7),按式(4)确定校正因子R_f:

$$R_f = \frac{m_i \times A_s}{m_s \times A_i} \qquad \cdots\cdots(4)$$

式中:

R_f——校正因子;

m_i——工作标准液中AN的含量,单位为毫克(mg);

A_s——PN的峰面积;

m_s——工作标准溶液中PN的含量,单位为毫克(mg);

A_i——AN的峰面积。

举例：

	质量(mg)	峰面积(积分计数)
丙烯腈(AN)	0.030	21633
丙腈(PN)	0.030	22282

$$R_f = \frac{0.030 \times 22\,282}{0.030 \times 21\,633} = 1.03$$

5.2 试样处理

取来的试样应全部保存在密封瓶中。制成的试样溶液应在 24 h 内分析完毕，如超过 24 h 应报告溶液的存放时间。

5.2.1 充分混合被测试样，使所选的试样有足够的代表性，称取 0.5 g±0.005 g 试样于顶空瓶中，记录试样质量。

5.2.2 向顶空瓶中加 5.0 mL 溶液 B(5.1.3)。盖上垫片、铝帽密封后，充分振摇，使瓶中的聚合物完全溶解或充分分散。

5.3 气相色谱条件

5.3.1 色谱柱：φ3 mm×4 m 不锈钢材质柱。

填装涂有 15%聚乙二醇-20 M 于上试 101 白色酸性担体(60 目～80 目)。

5.3.2 温度

柱温：130℃；

汽化温度：180℃；

检测器温度：200℃。

5.3.3 气体速度

载气氮气(N_2)流速：25 mL/min～30 mL/min。

5.3.4 其他条件

氮气 99.95%或更高纯度。

氢气经干燥、纯化。

空气经干燥、纯化。

5.4 测定

把顶空瓶置于 90℃的浴槽里热平衡 50 min。用一支加过热的气体注射器，从瓶中抽取2.0 mL已达气液平衡的顶空气，立刻注入气相色谱仪进行测定。气相色谱仪操作条件按 5.3 所述内容设定，如使用自动顶空分析的商品仪器，按该仪器的说明书调节。

5.5 结果计算

试样中残留丙烯腈的含量(c，mg/kg)按式(5)计算：

$$c = \frac{m_s' \times A_i' \times R_f \times 1\,000}{A_s' \times m} \quad \cdots\cdots\cdots\cdots (5)$$

式中：

c——试样含量，单位为毫克每千克(mg/kg)；

A_i'——试样溶液中 AN 的峰面积或积分计数；

A_s'——试样溶液中 PN 的峰面积或积分计数；

m_s'——试样溶液中 PN 量，单位为毫克(mg)；

m——试样的质量，单位为克(g)。

举例：

$$A_i' = 35416(\text{积分计数})$$

$$A_s' = 25112(\text{积分计数})$$

$$m_s' = 0.030\ \text{mg}$$

$$R_f = 1.03$$

$$m = 0.500\ \text{g}$$

$$c = \frac{0.030 \times 35\,416 \times 1.03 \times 1\,000}{25\,112 \times 0.500\,0} = 87.2\ \text{mg/kg}$$

5.6　精密度

在重复性条件下获得的两次独立测定结果的绝对差值不得超过其算术平均值的 15%。

第二法　气相色谱氢火焰检测器法(FID)

6　原理

试样经 N,N-二甲基甲酰胺溶剂溶解于顶空气测定瓶中，加热使待测成分达到气液平衡，然后定量吸取顶空气进行色谱(FID)测定。根据保留时间定性，并与标准峰高比较定量。

7　试剂

7.1　N,N-二甲基甲酰胺(DMF)：分析纯，在丙烯腈保留时间处应无干扰峰。

7.2　丙烯腈(AN)：分析纯。

7.3　GDX-102(60 目～80 目)。

7.4　丙烯腈标准贮备液：称取丙烯精 0.050 0 g，加 N,N-二甲基甲酰胺稀释定容至 50 mL，此贮备液每毫升相当于丙烯腈 1.0 mg，贮于冰箱中。

7.5　丙烯腈标准使用液：吸取贮备液 0.2，0.4，0，6，0.8，1.6 mL。分别移入 10 mL 容量瓶中，各加 N,N-二甲基甲酰胺稀释至刻度，混匀(每毫升分别相当于丙烯腈 20，40，60，80，160 μg)。

8　仪器

8.1　气相色谱仪(带氢火焰检测器)。

8.2　1 mL 中头式玻璃注射器。

8.3　12 mL 顶空气测定瓶；配有表层涂聚氟乙烯硅橡胶盖及铝片帽。

8.4　电热恒温水浴锅。

9　分析步骤

取来的试样应全部保存在密封瓶中。制成的试样溶液应在 24 h 内分析完毕，如超过 24 h 应报告溶液的存放时间。

9.1　试样处理

称取 0.5 g～1 g(精确至 0.001 g)均匀试样试样至顶空气测定瓶中，加入 3 mLN,N-二甲基甲酰胺，立即加盖密封，试样溶解后待测。

9.2　气相色谱条件

9.2.1　色谱柱：ϕ4 mm×2 m 玻璃柱。填充 GDX-102(60 目～80 目)。

9.2.2　温度

柱温:170℃;

汽化温度:180℃;

检测器温度:220℃。

9.2.3 气体速度

载气氮气(N_2)流速:40 mL/min;

氢气流速:44 mL/min;

空气流速:500 mL/min。

9.2.4 其他条件

仪器灵敏度:10^1;

衰减:1;

纸速:0.7 cm/min。

9.3 测定

9.3.1 气相色谱调至最佳工作状态(参考 9.2),将待测试样瓶放入 90℃±1℃水浴中准确加热 40 min,取液上气 1.0 mL 进色谱,必要时可调节顶空气的取用量,以适应不同含量试样的测定。

9.3.2 标准曲线制作:先将 5 只顶空气瓶分别加 3.0 mL,N,N-甲基甲酰胺,然后各取 0.2 mL 标准使用液系列(7.5),分别加入测定瓶中。此时各测定瓶中的丙烯腈含量分别相当于 4,8,12,16.32 μg,立即将瓶盖密封,混匀,置于 90℃水浴中,以下同试样测定,即分别取顶空气 1.0 mL。注入色谱仪,测量峰高。以丙烯腈含量为横坐标,峰高为纵坐标绘制标准曲线,根据试样的峰高定量。

9.4 结果计算

见式(6)。

$$X = \frac{A \times 1\,000}{m \times 1\,000} \quad \cdots\cdots (6)$$

式中:

X——试样中丙烯腈的含量,单位为毫克每千克(mg/kg);

A——相当于标准的含量,单位为微克(μg);

m——试样的质量,单位为克(g)。

9.5 精密度

在重复性条件下获得的两次独立测定结果的绝对差值不得超过其算术平均值的 15%。

ICS 67.040
C 53

中华人民共和国国家标准

GB/T 5009.178—2003

食品包装材料中甲醛的测定

Determination of formaldehyde for food packaging material

2003-08-11 发布　　　　2004-01-01 实施

中华人民共和国卫生部
中国国家标准化管理委员会　发布

前　　言

本标准由中华人民共和国卫生部提出并归口。

本标准由河北省唐山市卫生防疫站负责起草,河北省卫生防疫站、天津市卫生防疫站参加起草。

本标准主要起草人:张文德、王绍杰、李信荣、刘玉欣。

引　　言

现行食品包装材料中甲醛的测定方法是国家标准 GB/T 5009.61—2003《食品包装用三聚氰胺成型品卫生标准的分析方法》中的盐酸苯肼比色法和 GB/T 5009.69—2003《食品罐头内壁环氧酚醛涂料卫生标准的分析方法》中的变色酸比色法。本标准制定了测定食品包装材料中甲醛的示波极谱法，操作简捷、快速、灵敏、准确、特异性好，试样可直接测定。

食品包装材料中甲醛的测定

1 范围

本标准规定了测定食品包装材料中游离甲醛的示波极谱法。

本标准适用于食品包装用三聚氰胺树脂成型品、水基改性环氧易拉罐内壁涂料、罐头内壁脱模涂料、环氧酚醛涂料及食品容器漆酚涂料中游离甲醛的测定。

2 规范性引用文件

下列文件中的条款通过本标准的引用而成为本标准的条款。凡是注日期的引用文件，其随后所有的修改单(不包括勘误的内容)或修订版均不适用于本标准，然而，鼓励根据本标准达成协议的各方研究是否可使用这些文件的最新版本。凡是不注日期的引用文件，其最新版本适用于本标准。

GB/T 5009.69 食品罐头内壁环氧酚醛涂料卫生标准的分析方法

GB/T 5009.156 食品用包装材料及其制品的浸泡试验方法通则

3 原理

在 pH 5.0 的乙酸-乙酸钠底液中，甲醛与硫酸联氨反应生成质子化醛腙产物，在电位－1.04 V 处产生灵敏的吸附还原波，该电流的峰高与甲醛的浓度在一定范围内呈良好的直线关系。试样的峰高与甲醛标准曲线的峰高比较定量。

4 试剂

试剂均为分析纯，水为蒸馏水或去离子水。

4.1 氢氧化钾溶液(280 g/L)：称取 28 g 氢氧化钾，加水溶解放冷后并稀释至 100 mL。

4.2 硫酸联氨溶液(20 g/L)：称取 2.0 g 硫酸联氨[$H_4N_2 \cdot H_2SO_4$]，用约 40℃热水溶解，冷却至室温后，在酸度计上用氢氧化钾溶液(280 g/L)调节至 pH 5.0，加水稀释至 100 mL。

4.3 乙酸-乙酸钠缓冲溶液：称取 0.82 g 无水乙酸钠或 1.36 g 乙酸钠，用水溶解，在酸度计上用 1 mol/L乙酸调节至 pH5.0，加水稀释至 100 mL。

4.4 甲醛标准溶液：按 GB/T 5009.69 进行配制和标定。最后用水稀释至每毫升相当于 100 μg 甲醛。

4.5 甲醛标准使用液：精密吸取 10.0 mL 甲醛标准溶液，置于 100 mL 容量瓶中，用水稀释至刻度。此溶液每毫升相当于 10.0 μg 甲醛(使用时配制)。

5 仪器

5.1 MP-2 型溶出分析仪或示波极谱仪。

5.2 三电极体系：滴汞电极为工作电极，饱和氯化钾甘汞电极为参比电极，铂辅助电极。

5.3 10 mL 容量瓶。

5.4 微量进样器。

6 分析步骤

6.1 标准曲线的制备

精密吸取 0、0.2、0.4、0.6、0.8、1.0 mL 甲醛标准使用液(相当于 0、2.0、4.0、6.0、8.0、10.0 μg 甲醛)，分别置于 10 mL 容量瓶内。加 2 mL pH 5.0 乙酸-乙酸钠缓冲溶液，0.6 mL 硫酸联氨溶液

(20 g/L),加水至刻度,混匀。放置 2 min,将试液全部移入电解池(15 mL 烧杯)中。于起始电位 −0.80 V开始扫描,读取电位 −1.04 V 处 2 次微分的峰高值,以甲醛浓度为横坐标,峰高为纵坐标制成标准曲线。

6.2 浸泡条件

按 GB/T 5009.156 规定进行。

6.3 试样测定

4%乙酸浸泡液用微量进样器吸取 0.01 mL～0.03 mL。水浸泡液取 1.0 mL～5.0 mL 于 10 mL 容量瓶内。以下按 6.1 自"加 2 mL pH 5.0 乙酸-乙酸钠缓冲溶液……"起依法操作。试样的峰高值从标准曲线上查出相当于甲醛的含量。

6.4 结果计算

$$X = \frac{m \times 1\ 000}{V \times 1\ 000}$$

式中:

X——试样浸泡液中甲醛的含量,单位为毫克每升(mg/L);

m——测定时所取试样浸泡液中甲醛的质量,单位为微克(μg);

V——测定时所取试样浸泡液体积,单位为毫升(mL)。

7 精密度

在重复性条件下获得的两次独立测定结果的绝对差值不得超过算术平均值的 5%。

ICS 67.040
C 53

中华人民共和国国家标准

GB/T 20499—2006

食品包装用聚氯乙烯膜中己二酸二(2-乙基)己酯迁移量的测定

Method for the determination of di(2-ethylhexyl)adipatemigrating from polyvinyl chloride film in contact with foodstuffs

2006-09-14 发布　　2007-01-01 实施

中华人民共和国国家质量监督检验检疫总局
中国国家标准化管理委员会　发布

前　言

本标准由中华人民共和国国家标准化管理委员会提出并归口。

本标准附录A和附录B为规范性附录,附录C为资料性附录。

本标准起草单位:中国检验检疫科学研究院。

本标准主要起草人:陈志锋、凌云、孙利、彭涛、雍炜、唐英章、国伟、李军、孔莹、储晓刚。

本标准首次发布。

食品包装用聚氯乙烯膜中己二酸二(2-乙基)己酯迁移量的测定

1 范围

本标准规定了食品包装用聚氯乙烯(PVC)膜中己二酸二(2-乙基)己酯[di(2-ethylhexyl)adipate,DEHA]迁移量的测定方法。

本标准适用于食品包装用聚氯乙烯(PVC)膜中己二酸二(2-乙基)己酯(di(2-ethylhexyl)adipate,DEHA)迁移量的测定。

2 原理

PVC膜在本标准附录A规定的条件下与相应的食品模拟物接触,材料中的DEHA迁移到食品模拟物中,经溶剂提取后,注入气相色谱仪中,采用氢火焰离子化检测器测定,外标法定量,气相色谱/质谱确证。

3 试剂与材料

除另有规定外,试剂均为分析纯。

3.1 冰乙酸。

3.2 无水乙醇。

3.3 乙酸乙酯:色谱纯。

3.4 正己烷:色谱纯。

3.5 模拟物A:去离子水或相当者。

3.6 模拟物B:3%乙酸(质量浓度)水溶液。

3.7 模拟物C:15%乙醇(体积分数)水溶液。

3.8 模拟物D:异辛烷。

3.9 标准品:DEHA标准品,纯度≥99%。

3.10 标准储备液:准确称取DEHA标准品100.0 mg(精确至0.1 mg),移入100 mL容量瓶中,加正己烷至刻度,混合均匀后该标准储备液浓度为1 000 μg/mL,储存在冰箱中保存备用。

3.11 实验用气体:氮气、氢气、氦气,纯度≥99.999%。

4 仪器与玻璃器皿

4.1 气相色谱:配置氢火焰离子化检测器(FID)。

4.2 气相色谱/质谱仪。

4.3 迁移试验机

4.4 氮吹仪。

4.5 离心机。

4.6 涡旋振荡器。

4.7 恒温烘箱。

4.8 具塞锥形瓶:300 mL。

4.9 容量瓶:10 mL、100 mL。

4.10 离心管：10 mL。

4.11 移液管：1 mL、2 mL、5 mL、10 mL。

实验所用的玻璃器皿，都经过丙酮淋洗，通风晾干后待用。

5 分析步骤

5.1 样品处理

5.1.1 食品模拟物与迁移条件

食品模拟物类型、迁移实验接触时间和接触温度须按照本标准附录A规定的条件和原则选取。

5.1.2 迁移方式

取一张洁净PVC膜，放置在附录B所示的塑料溶出物迁移试验机中，从试验机模拟物导入口处加入一定量食品模拟物，使其充满整个试验机腔体，同时确保PVC膜的一面与食品模拟物良好接触，而另一面不与食品模拟物接触。调节恒温烘箱温度到所需的迁移实验温度，然后将整个试验装置放置到该恒温烘箱中，放置时间为迁移实验选取的接触时间。最后从烘箱中取出迁移试验机，冷却到室温后，模拟物浸泡液从试验机导出口导入磨口锥形瓶中，盖好瓶盖，待进一步处理。

5.1.3 模拟物A、B和C处理方法

准确量取2.0 mL模拟物浸泡液于10 mL离心管中，加入2 mL乙酸乙酯，振荡提取10 min后，4 500 r/min离心5 min，移取乙酸乙酯层；2 mL乙酸乙酯再提取一次，合并乙酸乙酯层，氮气室温吹干后用正己烷定容至1.0 mL，供仪器检测。

5.1.4 模拟物D处理方法

准确量取1.0 mL模拟物D，可直接供仪器检测，也可用正己烷稀释定容到10.0 mL后供仪器检测。

5.2 测定

5.2.1 GC/FID条件

5.2.1.1 色谱柱：DB-1毛细管柱[30 m×0.32 mm(内径)×0.25 μm，100%二甲基聚硅氧烷]或相当者。

5.2.1.2 柱温程序：初始温度为100℃，然后以15℃/min的速率升至280℃，保持1 min。

5.2.1.3 进样口温度：280℃。

5.2.1.4 检测器温度：300℃。

5.2.1.5 载气：氮气1.5 mL/min。

5.2.1.6 进样方式：不分流方式。

5.2.1.7 进样量：1 μL。

5.2.2 标准工作曲线

用正己烷稀释标准储备液，得到浓度为1 μg/mL、5 μg/mL、10 μg/mL、25 μg/mL、50 μg/mL、100 μg/mL的系列标准工作溶液，供气相色谱测定，以标准工作溶液浓度为横坐标，色谱峰面积为纵坐标，绘制标准工作曲线。

5.3 确证

5.3.1 GC/MS条件

5.3.1.1 色谱柱：DB-1毛细管柱[30 m×0.25 mm(内径)×0.25 μm，100%二甲基聚硅氧烷]或相当者。

5.3.1.2 柱温程序：初始温度为100℃，然后以15℃/min的速率升至280℃，保持1 min。

5.3.1.3 进样口温度：280℃。

5.3.1.4 色谱/质谱接口温度：280℃。

5.3.1.5 载气：氦气1.0 mL/min。

5.3.1.6 电离方式:EI。

5.3.1.7 电离能量:70 eV。

5.3.1.8 监测方式:总离子流(TIC)方式。

5.3.1.9 监测离子范围:40～400 (m/z),其特征离子(相对丰度)为 129(100)、147(22)、112(31)、57(37),相对丰度允许变化范围<±15%。

5.3.1.10 进样方式:不分流方式,溶剂延迟 5 min。

5.3.1.11 进样量:1 μL。

5.3.2 阳性结果判断

在 5.2.1 仪器条件下,样液色谱峰保留时间与标准样品一致(小于±0.5%),并且在 5.3.1 仪器条件下,样品待测液和标准品的 TIC 图在相同保留时间处仍有色谱峰出现,而且对应质谱碎片离子的质荷比与标准品一致,其特征离子丰度比变化范围小于±15%时,判断为阳性结果。

5.4 空白试验

不加试样,按照 5.1 进行处理,得到的样液按照 5.2 仪器条件进行测定。

6 结果计算

DEHA 的迁移量(mg/dm^2)按式(1)计算:

$$X = \frac{c \times V}{1\,000 \times S \times K} \quad \cdots\cdots(1)$$

式中:

X——DEHA 的迁移量,单位为毫克每平方分米(mg/dm^2);

c——标准曲线求得的 DEHA 的浓度,单位为微克每毫升(μg/mL);

V——模拟物浸泡液稀释或浓缩后的总体积,单位为毫升(mL);

S——样品与食品模拟物的接触面积,单位为平方分米(dm^2);

K——折算因子,当采用模拟物 A、B、C 时,K 值为 1,当采用模拟物 D 时,K 值为 3(考虑到异辛烷比实际脂肪食品对 PVC 膜中 DEHA 的提取能力更强);

1 000——单位校正因子。

7 精密度

本标准方法相对标准偏差(RSD)小于 10%。

8 检测限

采用水性食品模拟物时,本方法的检测限为 0.008 mg/dm^2($S/N=3$);当采用脂肪食品模拟物时,本方法的检测限为 0.005 mg/dm^2($S/N=3$)。

附　录　A
（规范性附录）
食品包装用 PVC 膜中 DEHA 迁移检测的基本规定

A.1　食品模拟物

由于食品包装用 PVC 膜可能包裹各种不同类型食品，不可能针对所有可能食品开展 DEHA 迁移量检测，因此引进食品模拟物。食品模拟物通常按照具有一种或多种食品类型特征进行分类，表 A.1 列出了食品类型和使用的食品模拟物。

表 A.1　食品类型和食品模拟物

食品类型	食品模拟物	缩　写
水性食品（pH＞4.5）	蒸馏水或同质水	模拟物 A
酸性食品（pH≤4.5 的水性食品）	3%（质量浓度）乙酸	模拟物 B
酒性食品	15%（体积分数）乙醇	模拟物 C
脂肪食品	异辛烷	模拟物 D

A.2　食品模拟物的选择

表 A.2 列出了 PVC 膜可能接触的各类食品及进行迁移检测时可选用的食品模拟物。

表 A.2　在特定情况下检测食品包装用 PVC 膜选用的食品模拟物

接触食品类型	选取的模拟物
仅接触水性食品	模拟物 A
仅接触酸性食品	模拟物 B
仅接触酒性食品	模拟物 C
仅接触脂肪类食品	模拟物 D
接触所有水性和酸性食品	模拟物 B
接触所有水性和酒性食品	模拟物 C
接触所有酸性和酒性食品	模拟物 C 和 B
接触所有脂肪和其他类型食品	模拟物 D

A.3　迁移检测条件（时间和温度）

A.3.1　选择迁移检测条件须按照 PVC 膜在实际使用过程中可预见的与食品接触的最长时间和最高使用温度进行选择。表 A.3、表 A.4 列举了食品模拟物 A、B 和 C 的迁移条件；表 A.5 列举了脂肪食品模拟物异辛烷的迁移条件。

A.3.2　当 PVC 膜标明为在室温或低于室温条件下使用，或该膜性质清楚表明应在室温或低于室温条件下使用时，对于水性模拟物 A 或 B 或 C，应在接触温度为 40℃、接触时间为 10 d 的迁移条件下进行检测，对于脂肪食品模拟物异辛烷应在接触温度为 20℃、接触时间为 2 d 的迁移条件下进行检测。

表 A.3 使用食品模拟物的常规迁移检测时间

接触时间	检测时间
$t \leqslant 5$ min	5 min
5 min$< t \leqslant$0.5 h	0.5 h
0.5 h$< t \leqslant$1 h	1 h
1 h$< t \leqslant$2 h	2 h
2 h$< t \leqslant$4 h	4 h
4 h$< t \leqslant$24 h	24 h
$t >$24 h	10 d

表 A.4 使用食品模拟物的常规迁移检测温度

接触温度	检测温度
$T \leqslant$5℃	5℃
5℃$< T \leqslant$20℃	20℃
20℃$< T \leqslant$40℃	40℃
40℃$< T \leqslant$70℃	70℃
70℃$< T \leqslant$100℃	100℃或回流温度
100℃$< T <$120℃	实际使用最高温度

a 该温度对模拟物 A、B 或 C 可替换为 100℃或回流温度。PVC 膜的熔点在 120℃左右，因此实际使用温度不可能达到 120℃。

表 A.5 模拟物 D 异辛烷的迁移条件

按照表 A.3 和表 A.4 选取的 PVC 膜的迁移条件	对应使用模拟物 D 异辛烷的检测条件
5℃,10d	5℃,0.5 d
20℃,10 d	20℃,1 d
40℃,10 d	20℃,2 d
70℃,2 h	40℃,0.5 h
100℃,0.5 h	60℃,0.5 h
100℃,1 h	60℃,1 h
100℃,2 h	60℃,1.5 h
<120℃,0.5 h	60℃,1.5 h

附 录 B
（规范性附录）
塑料溶出物单面迁移试验机

B.1 塑料溶出物单面迁移试验机应该具有以下功能：

——能够确保 PVC 膜单面良好接触食品模拟物，另外一面不接触食品模拟物，接触面积为 2.5 dm^2。

——食品模拟物能充满整个试验机腔体，不留下顶部空间，并密封良好，食品模拟物的量与接触面积之间的关系为每 0.6 dm^2 接触面积对应 100 mL 食品模拟物。

——试验机的材质应针对食品模拟物在迁移条件范围内耐温耐腐蚀，应确保在迁移试验过程中没有干扰物或污染物溶出。

B.2 塑料溶出物单面迁移试验机示意图见图 B.1。

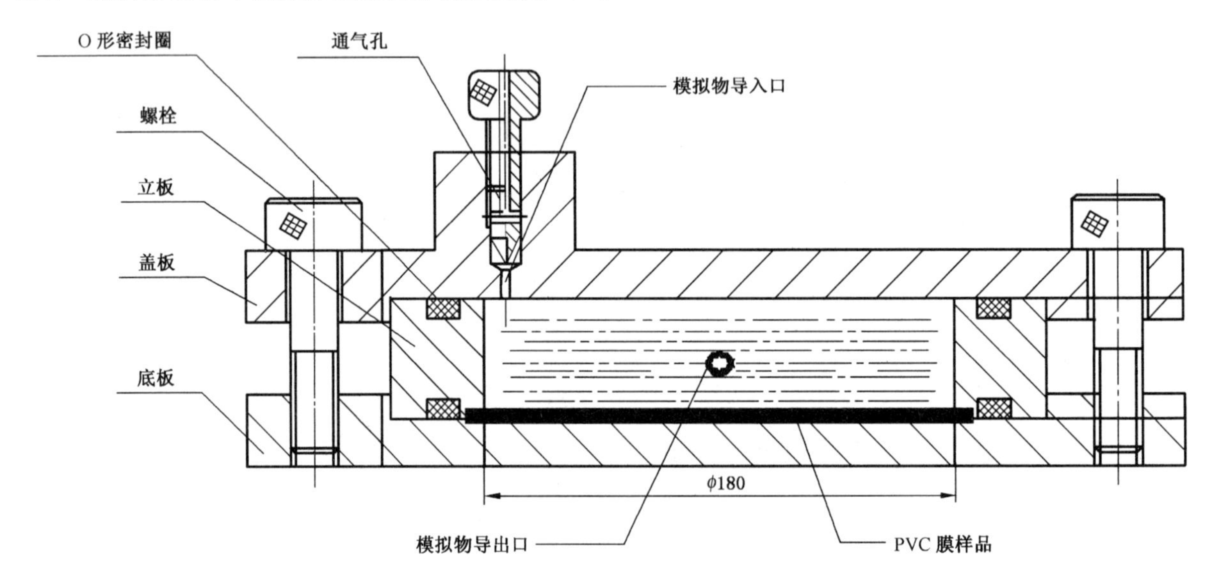

图 B.1 塑料溶出物单面迁移试验机示意图

附　录　C
（资料性附录）
食品包装用 PVC 膜中 DEHA 迁移实验相关谱图

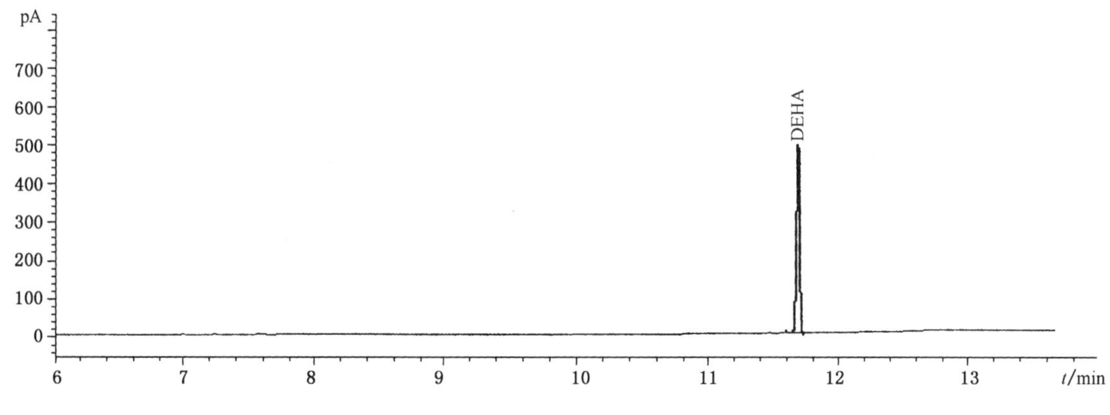

图 C.1　DEHA 标准物质气相色谱图(GC/FID)

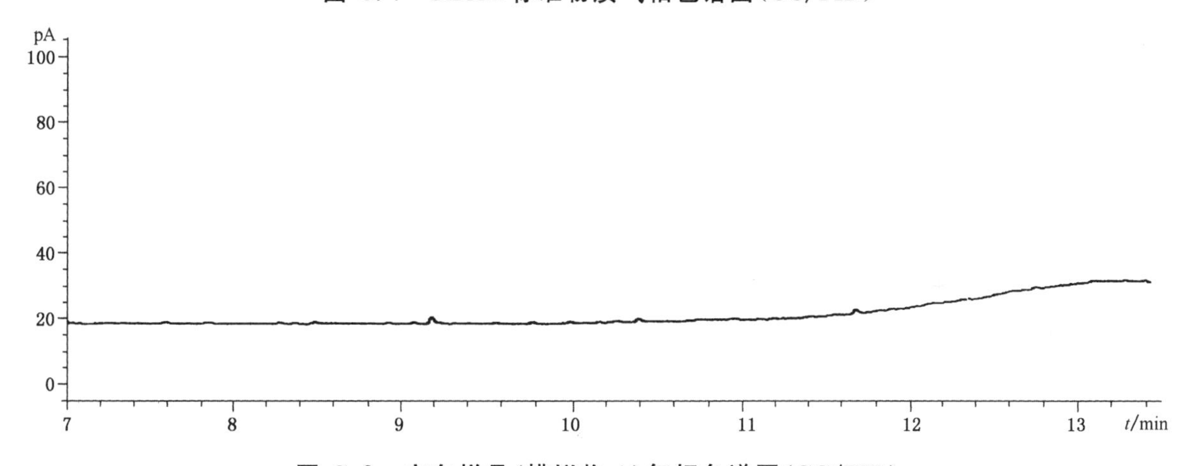

图 C.2　空白样品(模拟物 A)气相色谱图(GC/FID)

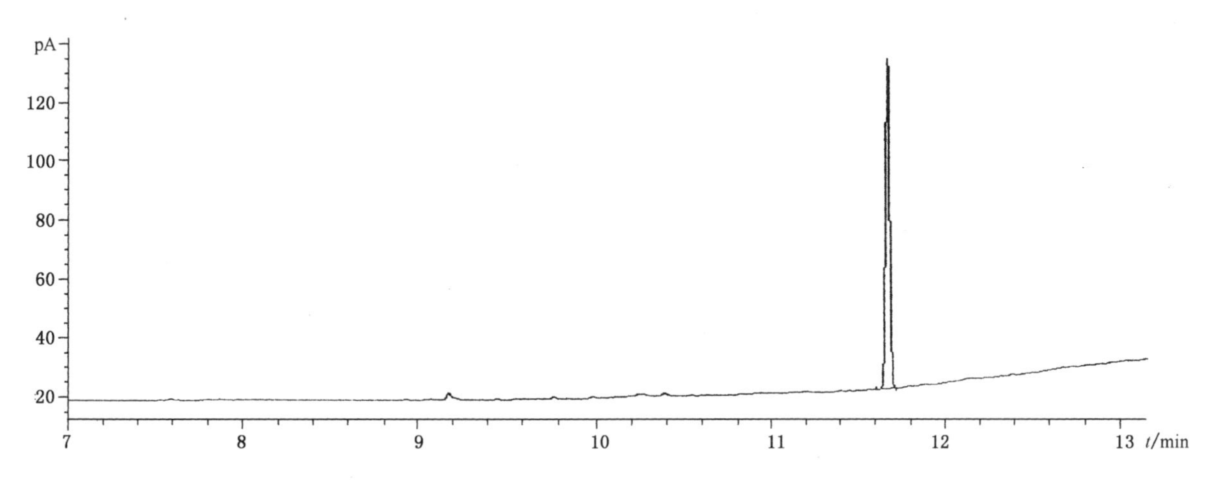

图 C.3　空白样品(模拟物 A)加标气相色谱图(GC/FID)

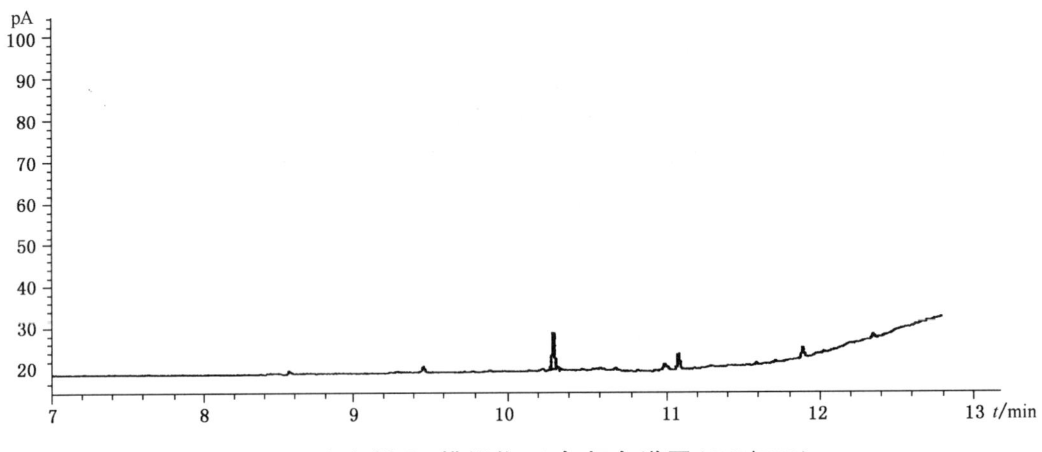

图 C.4　空白样品(模拟物 B)气相色谱图(GC/FID)

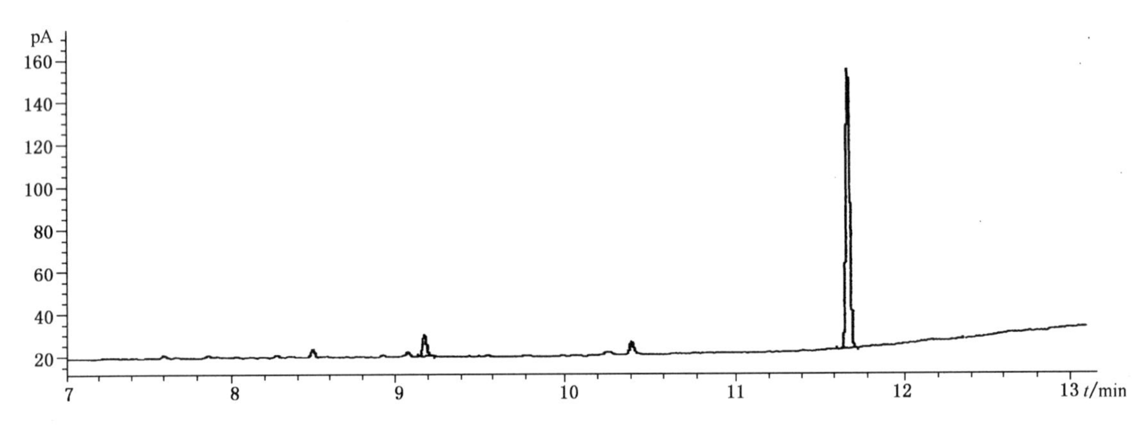

图 C.5　空白样品(模拟物 B)加标气相色谱图(GC/FID)

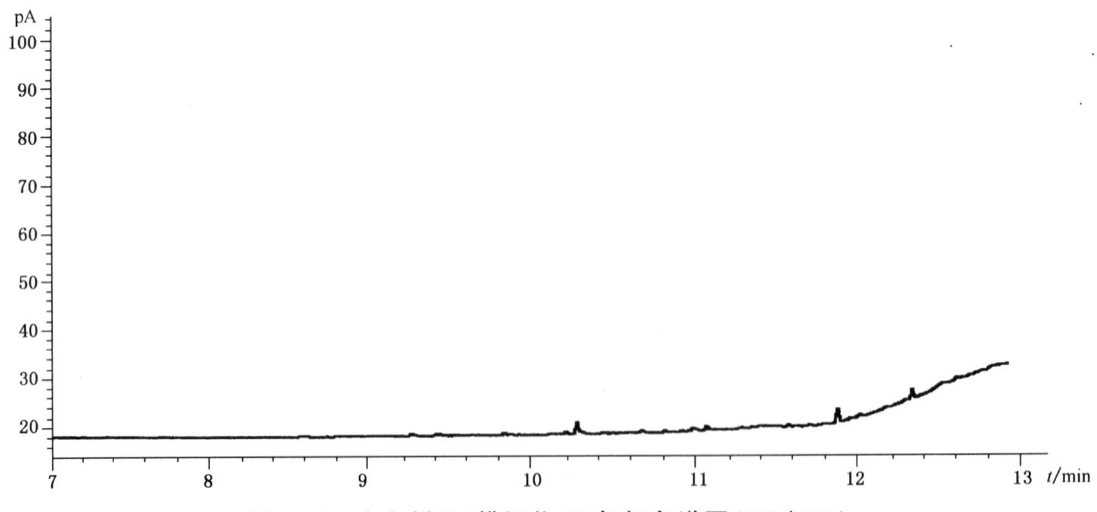

图 C.6　空白样品(模拟物 C)气相色谱图(GC/FID)

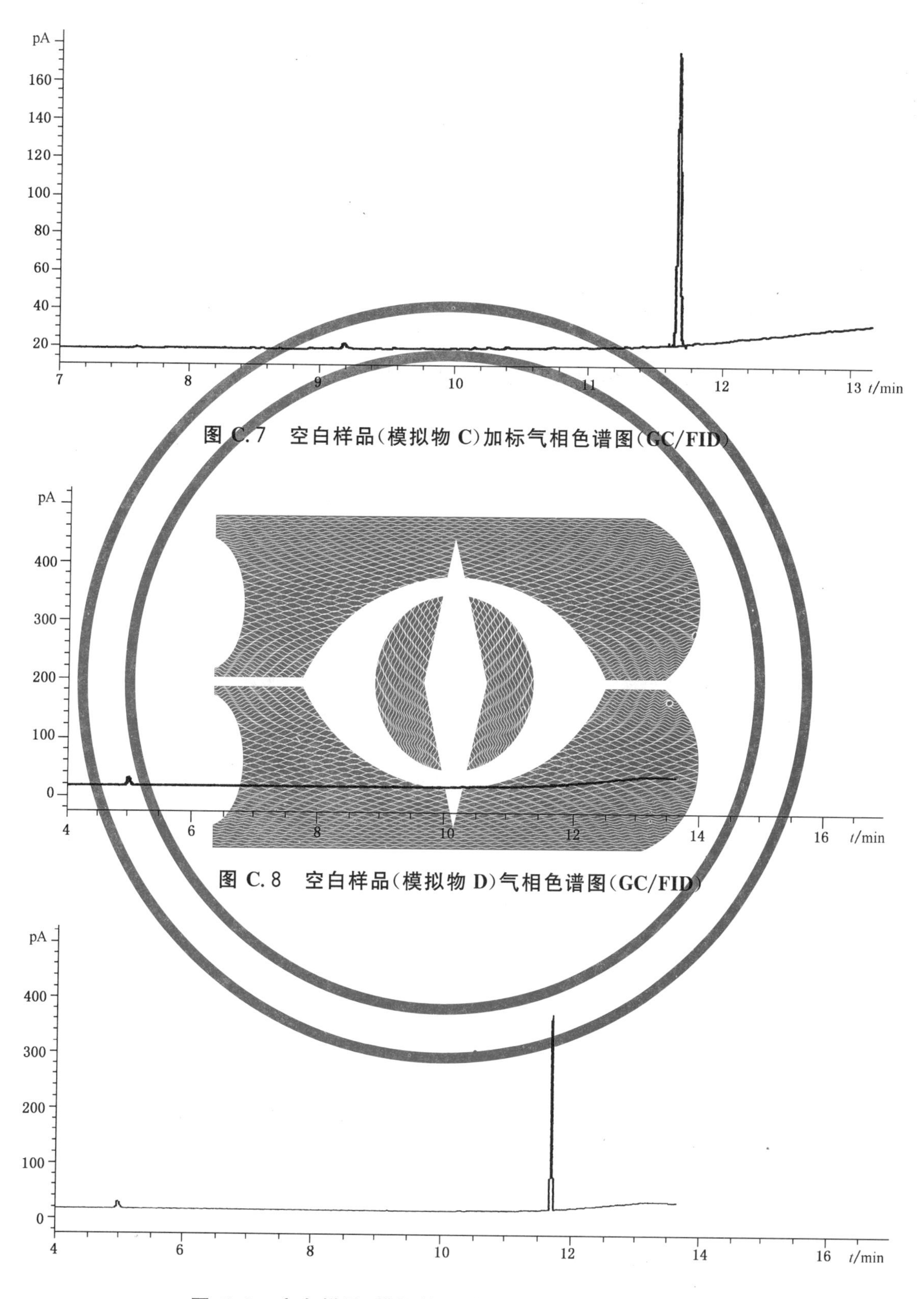

图 C.7 空白样品(模拟物 C)加标气相色谱图(GC/FID)

图 C.8 空白样品(模拟物 D)气相色谱图(GC/FID)

图 C.9 空白样品(模拟物 D)加标气相色谱图(GC/FID)

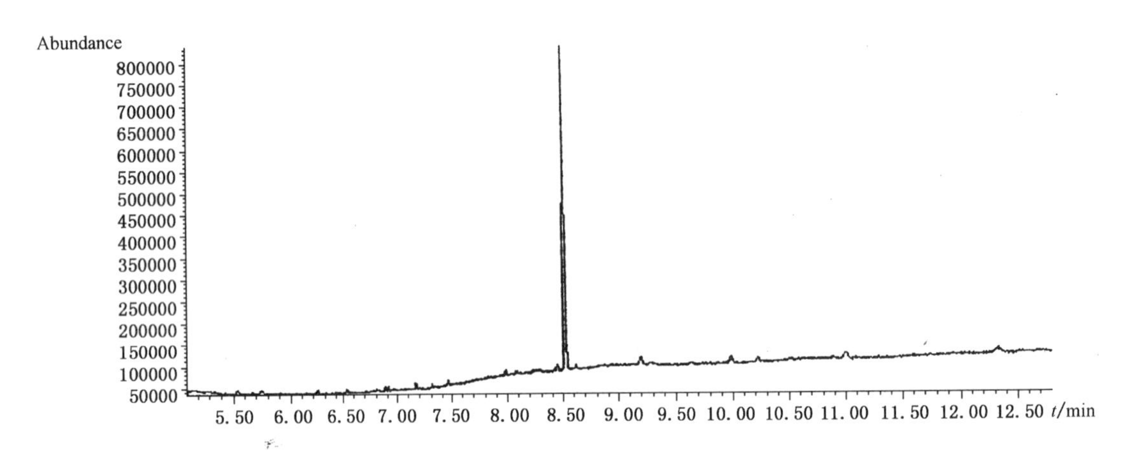

图 C.10 DEHA 标准物质气相色谱/质谱总离子流图(TIC)

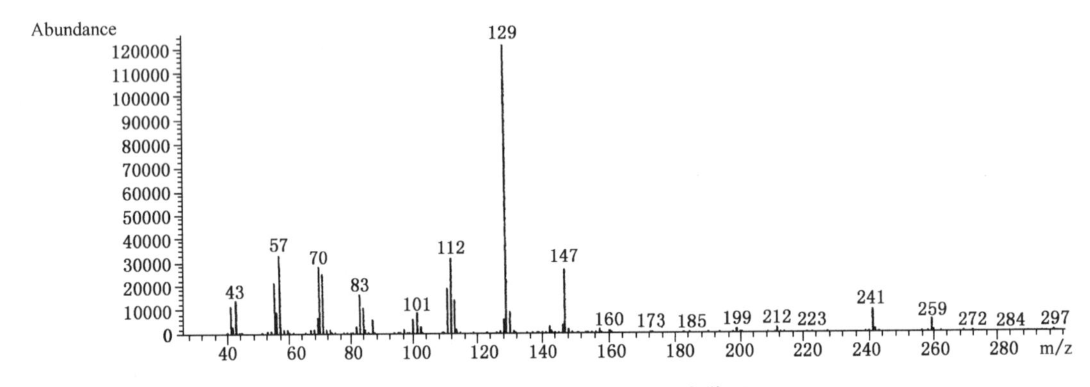

图 C.11 DEHA 标准物质质谱图